从产地到品牌，
　　有关红茶的一切

—— 实 用 的 再 发 现 ——

红茶帝国

[韩] 文基营 著　殷潇云 曹慧 译

华中科技大学出版社
http://www.hustp.com
中国·武汉

《时维尔（Paul Revere）肖像》
John Singleton Copley

红 茶 帝 国

《伴随着幼年莫扎特的巴黎英式茶》
Ollivier Barthelemy，1766

《默默支持禁酒的人》
Edward George Handle Lucas，1891

《阅读新闻》
James Tissot，1874

《打扮》François Boucher，1742

《庭院的夫人们》Lawton，1908

《和糖、茶勺一起摆放着的中国套装茶具》
Pieter Van Rohestraten，17 世纪

《茶叶》William Paxton，1909

《维多利亚一家的早餐》，1840

《在阿道夫家做客的 Francis Sarrse Brisson 的女儿》，M.A. vacher

《英国的茶室》, 1890

《一位男子的来访》，1880

《用茶的女人们》，1902

《正在享用早餐的绅士》，1755

Thea *Thé*.

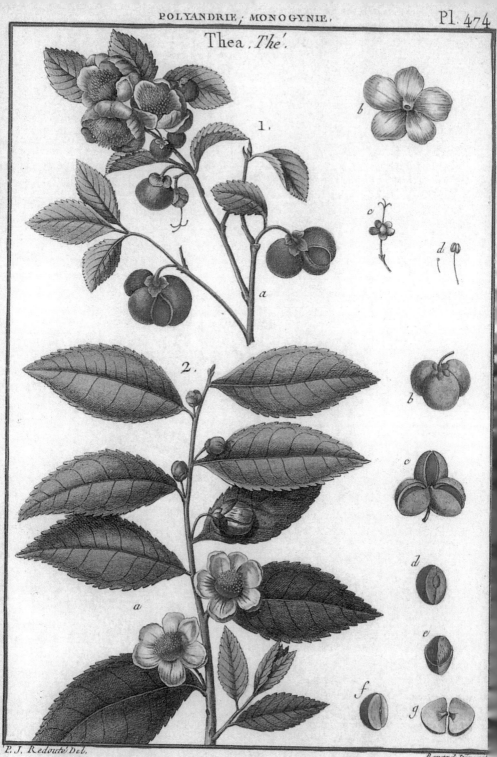

HISTOIRE NATURELLE, *Botanique*.

红茶在全世界的消费量巨大，甚至有人称红茶是人们喝得最多的饮料。但在韩国，喝红茶仍然被看作是一项特殊的爱好。因此，人们虽然都知道红茶，但问及有关红茶的知识时，了解的人却很少。最近红茶在韩国逐渐流行起来，一些连锁咖啡店的饮料单上开始出现"Black Tea"或"红茶"的字样。年轻人密集的地方也有一些红茶店出现，主要的消费群体是年轻女性。

本书系统地介绍了有关红茶的知识，包括为什么韩国人会认为"红茶＝涩"，红茶和绿茶、乌龙茶等有什么区别，红茶主要生产地、种类，主要饮用国家和红茶的优点等。一提到红茶人们便会想到欧洲，特别是英国。本书还介绍了最初产于中国的红茶是怎样成为英国文化象征的历史和背景，并详细描述了法国的红茶新文化。

笔者曾销售过很长时间的咖啡，后来逐渐对红茶开始感兴趣。虽然红茶是一种与咖啡相似的饮品，但在韩国的地位却与咖啡是天壤之别。为了更加了解红茶，笔者翻阅了一本又一本英、美、法专家们写的书，亲自探访了红茶的主要生产地——印度、斯里兰卡和中国台湾，还去往红茶之国——英国以及正在形成红茶新文化的法国，最终写成了这本书。

书中大部分照片也都是笔者现场拍照的。

相比一些主观的看法，笔者更坚持以一种客观的角度来介绍红茶。相信这也会对想系统地了解红茶的人有所帮助。

红茶如红酒一般，在知道自己所饮的红茶的加工过程、生产地和它所包含的历史之后，味道会变得更加醇厚。

相比其他饮品来说，红茶的优点十分多。首先，红茶的种类多样，仅次于红酒。由于红茶的产地、生产季节和加工方法不同，它的味和香也不同。而且红茶对人体健康十分有益。这是最近美国和欧洲越来越关注红茶（当然也包含绿茶）的原因之一。

读者们一般听到最多的大概是红茶的咖啡因含量比咖啡低很多，更易缓解紧张使人清醒。这是由于茶叶中含有一种成分——茶氨酸。正是这种神秘成分使人在感到疲惫时变得清醒，在感到兴奋时变得平静。

希望读者可以通过这本书准确认识和了解这个已经拥有数百年历史的饮品——茶。在忙碌的生活中，时不时饮一杯热茶，让自己的生活重新充满活力。

这本书中倾注了很多人的心血。首先要向最先对这本书产生兴趣并出版了此书的 Geulhangari 出版社金成民社长表示最诚挚的感谢。还要感谢与笔者一起收集茶叶并提出宝贵意见的茶友们，特别是红茶旅行中负责为一些商品照相的韩世拉女士。

另外，还要感谢支持笔者写下这本书的好朋友赵贤勇先生。本人原先对写书这件事是完全不敢想象的。朋友在看到笔者如此热爱红茶后，极力鼓励本人写下这本书，并一直给予全力支持。

这本书也是笔者送给一直都在等待书出版的女儿——圭丽的一份礼物。女儿现在在上小学三年级，等到她长到可以喝红茶的年纪的时候，希望这本书可以对她有所帮助。

最后，笔者希望读者们可以通过本书更加了解红茶，使自己的生活更加丰富多彩。

文基营

2014 年 5 月

目录

第一部　红茶是何物

第一章　茶叶易氧化　002

1. 因氧化形成的"味之帝国"（茶的种类和分类标准）　002
2. 绿茶和红茶有何不同（非氧化和完全氧化）　010
3. 神奇的半氧化茶——乌龙茶　021
4. 似氧化而又非氧化的茶——白茶　036
5. 慢工做出的甜美——黄茶　041
6. 经得住时间考验的黑块——黑茶　043

第二章　红茶的诞生　050

1. 中国各王朝的茶文化——茶的起源和各个时代的划分　050
2. 红茶的诞生——正山小种和拉普山小种　059
Tea Time：正山小种诞生的线索　065
3. 英国逐渐了解红茶　066

第三章　根据加工方法对红茶进行分类　086

1. 传统方法和CTC及英式红茶的形成　086
2. 加味茶　099
3. 凉茶　106
Tea Time：摩洛哥薄荷茶——北非的浪漫　109

1

第二部　寻找产地

第四章　为什么生产地很重要　114
1. 品种和环境　114
2. 单品茶和混合茶　119

第五章　阿萨姆　125
1. 依靠英国，为了英国——阿萨姆开启红茶时代　125
2. 阿萨姆红茶　134

第六章　大吉岭　145
1. 大吉岭，喜马拉雅的礼物　145

Tea Time：大吉岭春茶是红茶吗？　162
2. 大吉岭红茶　163

Tea Time：大吉岭七个小地区的茶园　173

第七章　尼尔吉里　175
1. 尼尔吉里，南印度的青山　175
2. 尼尔吉里红茶　185

第八章　斯里兰卡红茶　192
1. 斯里兰卡，华丽的红茶世界　192
2. 斯里兰卡的红茶　214

第九章　今天的中国红茶　227
1. 安徽的祁门红茶　229
2. 云南的滇红　231
3. 福建的金猴茶　232
4. 中国台湾的日月潭红茶——红玉　233

第十章　肯尼亚和印度尼西亚——隐藏在红茶生产中的强者　236

Tea Time：俄罗斯八宝茶（Russian Caravan）——西伯利亚的篝火　241

第三部 书写红茶历史的品牌

第十一章 福特纳姆和玛森 244

Tea Time：红茶之国英国也生产红茶吗？ 253

第十二章 哈罗德 255

第十三章 川宁 261

第十四章 玛利阿奇兄弟 268

第十五章 与红茶大师简·佩蒂格鲁
（Jane Pettigrew）的一日课堂 285

第十六章 管家码头 288

第十七章 辛格庄园茶园经理的家 293

第十八章 维多利亚和阿尔伯特博物馆及维多利亚女王 296

Tea Time：珍珠奶茶，新流行 299

第四部　如何品味红茶

第十九章　红茶和健康，抗氧化效果　302

第二十章　红茶的成分　307

第二十一章　红茶和糖　315
Tea Time：由饮用绿茶转向饮用红茶的理由　321

第二十二章　泡美味红茶的方法　323

第二十三章　评茶　328

第二十四章　了解红茶等级　333
Tea Time：术语整理　338

第二十五章　阅读红茶标签上的信息　339
Tea Time：迪尔玛—Seasonal Flesh Very Special Rare Tea　343

第二十六章　韩国红茶的历史和复兴　346
Tea Time：茶叶飞剪船——横穿印度洋　361

第一部

红茶是何物

第一章
茶叶易氧化

1. 因氧化形成的"味之帝国"（茶的种类和分类标准）

大部分人即使不喜欢品茶，在日常生活中也会常常接触到绿茶、乌龙茶、红茶、普洱茶等。而对白茶和黄茶等也许会有些陌生。在众多茶的分类中，准确地说，乌龙茶是属于青茶的。但由于乌龙茶在青茶中所占比重很大，因此，会以乌龙茶代替青茶来命名该类茶。此外，普洱茶属于黑茶的一种，但因为普洱茶最为有名，所以以其来代表黑茶。

加工方法的差异

茶通常分为绿茶、黄茶、青茶（乌龙茶）、白茶、红茶、黑茶（普洱茶）六大类。这是源于中国的传统的分类方法。这六种茶基本上是用物种名为"茶树"（Camellia Sinensis）的芽和叶制成的，而非分别采自绿茶树和红茶树。在 1850 年前的近两百年间，以英国人为代表的欧洲人却一直误以为分别有制作红茶和绿茶的茶树。

以同一种茶树的叶子为原料，如何能制成六种不同种类的茶呢？这是由于茶叶的加工方法不同。换言之，从同一棵树上采摘的叶子仅仅是因为不同的加工方法，就可以被制成六种不同的茶。

如采摘茶叶的哪一部分；什么时候采摘；是否杀青；是否有萎凋过程，如果有，该过程又是如何进行；萎凋时间的长短；如何揉捻；是否有氧化过程，如果有，又持续多久等。加工方法的差异使茶叶呈现出绿茶、白茶、黄茶、青茶、红茶、黑茶等不同形态。

茶树的品种

茶树（Camellia Sinensis）（"Sinensis"是拉丁语"中国"的意思）主要有以下三个品种：

中国小叶种	Camellia Sinensis var. Sinensis
印度阿萨姆大叶种	Camellia Sinensis var. Assamica
柬埔寨种	Camellia Sinensis var. Cambodiensis

三种茶树各有其不同的特征。中国小叶种茶树在自然状态下会生长到五至六米，茶叶长约五厘米，属于矮小丛生的灌木。生长在韩国宝城和河东的茶树基本上全都属于小叶种茶树。印度阿萨姆大叶种茶树在自然状态下可长到10至15米左右，茶叶长度可达20厘米，属于枝干较为粗壮的乔木。柬埔寨种茶树主要用于品种杂交，最高可长到五米，属于乔木。这种分类方法是最基本的分类方法。现在，因品种间的自然杂交和人工杂交，产生的改良品种中有许多不属于这三个品种。

种满阿萨姆种茶树的
阿萨姆茶园

种满中国种茶树的宝
城茶田

阿萨姆种茶树和中国
种茶树混合种植的大
吉岭茶园

茶树树根裸露在外，茎部到根部约长两米，树根较为粗壮

在育苗场培育的茶树树苗

茶树虽然可以长到很高，但一般我们在茶园中见到的茶树基本上只到成人腰间的高度。这样的高度使采摘茶叶变得更加容易。而且为了增加茶叶的产量，要常常修剪茶树，使其保持一定的高度。根据茶叶的大小、茶的种类及性质，采摘茶叶的时期也不同，一般情况下是在茶叶生长初期进行采摘。有时电视上放映中国云南省等地采摘茶叶的场景，可以看到和柿子树的高度差不多的茶树边放着梯子，人们爬上梯子采摘茶叶。这种茶树是未经修剪、在野生状态下生长的茶树。在韩国河东，也有树龄约为 1000 年的茶树，这种茶树的高度超过了 4 米。

虽然之前提及的六种茶均为茶树树叶制成，但进一步细分的话，各种茶也是由对应品种的茶树树叶制成的。例如，阿萨姆大叶种茶树的树叶可用于制作红茶和绿茶，中国小叶种茶树的虽然也是由可以用于制作红茶和绿茶，但用阿萨姆大叶种茶树树叶制作的茶，香、味则更胜一筹。不过这只是一般的情况，现在有很多包括阿萨姆种和中国种的杂交品种在内的新品种产生。即以上述三个品种为基础，由自然产生的亚变种（subvariety）和这三种杂交，人为培育出了很多新的栽培品种（cultivar）。

栽培品种是新栽培出的品种（cultivated variety）的简称，是指选取因杂交或变异产生的优良品种大量栽培所得的品种。

制作白茶使用的原料源自大白种茶树的芽，它和用于制作香、味多样的乌龙茶的茶树均属于茶树的亚变种或栽培品种。

类似大吉岭和阿萨姆的红茶产地如今每年也通过杂交培育出许多新品种，并制出具有新的香、味的红茶。为了在人工培育出的品种中挑选并大量培育品质优良且香、味俱佳的品种，需要在育苗场进行扦插培育，而非直接种植种子。通过这种方法栽培出的品种也叫作无性系品种（clonal varieties）。

综上所述，六大类茶不仅加工方法不同，而且制作各种茶时所挑选的茶树品种也不同，因此各类茶的特征与差异十分明显。

氧化

六种茶通过不同的加工方法制成，加工过程中最明显的差异便是氧化程度的不同。虽然茶叶在大小、形状、颜色等外观上的差异显而易见，但六种茶之间本质的区别其实是氧化程度的不同。即按照绿茶（非氧化）、白茶、黄茶、青茶（半氧化）的顺序，氧化程度逐渐增大，而红茶的氧化程度最高，为完全氧化茶。

氧化一词或许听起来会有些陌生。虽然人们常常使用发酵一词，但茶叶的加工过程并非是发酵，严格意义上讲，氧化则更为准确。葡萄或葡萄汁内加入微生物，经化学作用后转变为葡萄酒的过程称为发酵。氧化是氧化酶与氧气接触引起的变化。[1] 将苹果切开放置一段时间后苹果变为褐色的现象即为氧化。将茶叶中的氧化酶不同程度地暴露在氧气中，茶叶中的茶多酚会被氧化。人们通过该过程制成茶，并根据氧化的方法和程度对茶进行分类。其中普洱茶是个例外，直到现在，只有普洱茶是经过发酵而制成的。[2]

因此尽管大家对氧化一词不太熟悉，笔者也决定在此书

---

① 相关内容会在第二十章《红茶的成分》中进行详细说明。
② 一般认为只有人工渥堆发酵的普洱茶才属于发酵，生茶不属于发酵茶。

中用氧化代替发酵作为正式用语使用。

六大类茶的名称

像这样采用适合的茶树品种的鲜叶作为原料，通过不同的加工方法制成的六种茶分别是：绿茶、白茶、黄茶、青茶、红茶、黑茶。六种茶的名字是根据泡好的茶水的颜色而命名的。也有人说是因为红茶在制作（茶叶被氧化）的过程中，茶叶的颜色逐渐变为红色，所以将其命名为红茶。但是欧洲人因红茶的颜色为黑色而将其命名为 "black tea"。由此看来，同样的茶叶，在中国人看来是红色，而在欧洲人看来则为黑色。

总而言之，茶的六种分类是由不同的加工方法决定的，而名称则是根据泡好的茶水的颜色命名的。

2. 绿茶和红茶有何不同（非氧化和完全氧化）

之前提到的加工方法差异最明显的两种茶为绿茶和红茶。本部分将以两种茶为例进行说明。以下为绿茶和红茶的主要加工过程：

> 绿茶：采叶—杀青—揉捻—干燥（共四阶段）
>
> 红茶：采叶—萎凋—揉捻—氧化—干燥—分类（共六阶段）

采摘茶叶的过程称为采叶。干燥是指为使加工好的茶可以长期保存且不产生任何变化，将茶叶含水量降低到 3% 以下的过程。虽然采叶和干燥是包含绿茶和红茶在内的所有茶叶制作时都要有的，但在细节方面，不同的茶叶之间仍存在较大的差异。以红茶为例，虽然制作红茶要经过揉捻等加工过程，但根据采摘的茶叶的大小不同，成品茶叶也会被划分成不同的等级。

红茶和绿茶的制作过程存在明显差异。用相同的茶叶可以加工制成两种完全不同的茶，这取决于加工是否经过萎凋、杀青、氧化。因此，在加工时要了解各个阶段，并谨慎进行萎凋和氧化等过程。

采叶

春天，茶树的枝干上长出了新叶。其中位于茶树枝干上部，包含幼芽在内的四片叶子大小不一。采叶时，采摘顶端的芽和芽下面的两片叶子，这种采摘被称为嫩采（fine plucking）。一般来说，制作绿茶和红茶时采摘的便是这种一芽二叶。以此为原料做成的茶被列为等级较高的茶。采茶人大部分为女性，

她们将一天采摘的茶叶送到制茶工厂。工厂里的工人大致将茶处理一下，挑出不需要的茶叶细枝或受损的叶子等。这样，加工的准备工作就完成了。

杀青

制作绿茶必经的一道工序。

杀青是指向刚摘下的新鲜茶叶注入高温蒸汽，或用热锅烘焙，钝化茶叶中多酚氧化酶的活性，即杀死茶叶细胞。杀青后，即使茶叶被放置很长时间也会维持原有的绿色。曾有传说讲，载着绿茶的船在前往欧洲的路途中因赤道地区的高温和高湿天气，船上的绿茶氧化为了红茶。但根据绿茶杀青的作用可知，从科学角度来说，上述有关红茶诞生的说法是毫无说服力的，它只是一个传说而已。

萎凋

制作红茶时，采叶后并不进行杀青，而以萎凋代替。萎凋旨在使茶叶枯萎。刚摘下的茶叶含水量为 70% 至 80%，如果在此状态下直接揉捻，由于茶叶较硬，揉捻难度较大且易撕碎鲜叶，因此要将含水量降低到 60% 至 65%——这个过程就称为萎凋。虽然过去常常在室外阳光下进行萎凋，但是在当今社会，随着产量增大，萎凋主要在湿度和温度合宜、空气流通的室内进行。

制作绿茶时并不需要进行萎凋。萎凋只有在制作红茶时需要，是红茶制作中极具代表性的加工过程之一，也是左右红茶质量的重要工序，因此需要详细了解。

在通风良好的类似大型仓库的建筑内部空出长约二十米、

19 世纪初所作的水彩画中描绘了中国工人从茶树上摘茶叶的场景

19 世纪初中国工人用炭火和篮子烘干茶叶

宽约两米、离地面约 50 厘米的空间，将四边高约 50 厘米、无盖的大正方形箱子放好，并用各种材质将地面铺成网状——这个空间就称为萎凋槽。在每个进行萎凋的建筑内都会有几个这样的萎凋槽。

在萎凋槽内将茶叶铺开，厚度约为 30 厘米，然后从下方向上鼓风。普通的萎凋时间为 16 至 18 小时，但根据气候、湿度和茶叶的差异，萎凋的时间也有所不同。为了均匀地萎凋茶叶，需改变鼓风方向，隔几个小时还需用手翻一次茶叶。同时，萎凋槽周边围挡最好做得高一些。这是现在大吉岭和斯里兰卡制作红茶时使用的最基本的萎凋方法。

阿萨姆的新型萎凋设施[①]与上述萎凋设施基本相同。不同的是阿萨姆的萎凋设施是各自独立的，上下左右均为封闭

萎调槽（右图）和正在萎凋的茶叶

---

① 笔者参观了两家工厂，一家是最新建成的，另一家工厂的萎凋槽安在野外的屋顶上，四围开阔。

状态。它的外形与集装箱相似，长度和宽度都有所增加，一端还连接着比正常人身高还高的大型风扇。与大吉岭和斯里兰卡的萎凋槽不同，新型萎凋设施的鼓风方向并非从下到上，而是沿着萎凋设施进行鼓风。

虽然新型萎凋设施两侧有门可以开关，但很明显可以看出，在该设施内翻动茶叶并不是件容易的事。风扇沿着一侧持续鼓风可以通过压力作用使水分蒸发率达到最低。此外，由于可以改变鼓风的方向，也就没有必要再去翻动茶叶了。类似的大规模萎凋设施萎凋效率非常高，既可以免去翻茶叶的麻烦，又可以避免翻茶叶时不小心给茶叶造成的损伤。

新型萎凋设施既可以快速地萎凋更多的茶叶，又可以节约能源，同时还预备了在阿萨姆地区适逢雨季、湿度较大时，可以在外部加热空气并以其鼓风的装置。[①]

萎凋并不仅仅会减少了茶叶的含水量，还会催发茶叶的生物化学反应。尽管在茶叶收成时节付出了很大的努力和热

短时间萎凋后的茶叶，这些茶叶是在左图的锅内被烘焙。

---

① 与阿萨姆萎凋设施相关的内容，请参照第三章 CTC 部分。

情，但刚摘得的茶叶味道还是会像草一样涩涩的，还发苦。自萎凋阶段起，茶叶内的合成物浓缩后，茶叶才开始散发香气。

　　萎凋时茶叶散发出的香气无与伦比。走进斯里兰卡制作红茶的工厂，清爽的茶香扑面而来，那香味与刚除过草时闻到的气味十分相似。进入萎凋室，满是新鲜的花香味和水果香味。这种香气相比泡好的茶叶散发的香气要强烈和丰富得多。虽然未经精细加工，略显粗糙，但这个阶段的茶叶散发的野生香气却会让你心跳加速。最重要的是，茶叶萎凋处理得越好，揉捻和氧化也就越顺利。

　　萎凋的时间不仅会随着茶叶的状态和天气的情况等而变化，而且根据红茶产地固有的加工方法的不同，萎凋时间也会有很大的差别。传统茶叶萎凋时间基本维持在 16 个小时左右。

　　一般来说，萎凋时间越长，最后制成的茶香气就越浓郁。所以，没有经过萎凋的绿茶的香气和经过萎凋的红茶的香气在性质上是不同的。另外，与香气相比，在茶叶的味道和硬度更好的 CTC 红茶（品质较低）的萎凋时间是相对较短的。茶叶的香气较好的中国红茶、大吉岭春茶和一部分高地产的斯里兰卡红茶的萎凋时间则相对较长。

揉捻

　　揉捻通俗一点讲就是揉搓。将茶叶放入表面类似草席的粗糙容器中，向容器内部施加压力进行揉捻，从而破坏细胞的细胞膜，而流出的细胞液能促使红茶氧化。绿茶则通过杀青钝化氧化酶活性，揉捻后茶味会更香，还可以减少茶叶的体积。

过去揉捻都是手工进行的，现在除了一部分高级茶外，大部分茶叶均是机械揉捻的。中国有名的绿茶注重茶叶的形状，因此，加工时也会将茶叶揉捻成固定的形状。

　　制作绿茶时，揉捻是在杀青之后进行的，而红茶则需先萎凋后再揉捻。揉捻程度较轻的茶叶口感香甜、温和；揉捻程度较重的茶叶因压力裂成小块，味道变得较为强烈。

　　手工揉捻起源于阿萨姆时代，19世纪70年代英国人发明揉捻机器取代手工揉捻。这一发明虽然大大降低了劳动力成本并实现了批量生产，但与此同时茶叶逐渐失去了特色，变得越来越相似。

　　不管怎样，自揉捻机发明之日起，英国开始批量生产红茶，红茶的味道相比以前也变得更加浓郁。而当时使用过的名为"大不列颠"（Britannia）的揉捻机直到现在还在被大吉岭的制茶工厂使用。揉捻工艺根据原料的情况和想要制作的品种的不同也会有很多变化。

在大吉岭看到的氧化室（右图）和揉捻机（左图）。

　　　　　　　　　　　　第一部　红茶是何物

氧化

氧化和萎凋一样，都是制作绿茶不需要经过的加工工序。茶叶揉捻后直接干燥即可制成绿茶。绿茶在揉捻进行前已通过杀青钝化了氧化酶的活性，因此也就不用进行氧化了。

与绿茶相反，红茶在揉捻时，从破裂的细胞膜中流出的液体会促进氧化过程的进行。将茶叶摊放在温度和湿度适宜的环境下，茶叶颜色会逐渐变黑，内部化学反应也会逐渐完成。长时间以来，此过程一直被误认为是发酵。（在第二十章 红茶的成分中进行详细的说明）

茶叶制作人通过仔细观察、判断，可以控制茶叶的氧化进程，制作出需要的红茶。在氧化进行时，中断并干燥茶叶便可以停止茶叶的氧化。

大吉岭春茶的氧化时间相对较短，茶叶的香味即新鲜的花香味，且茶叶上会留有一丝绿色。在茶叶生产过程中，制作人的经验和判断也会对红茶的香味造成一定影响。

干燥

干燥的目的在于中断包含氧化在内的所有化学反应，使茶叶不再发生变化，便于长期保存。干燥时通常将茶叶的水分含量控制在 3% 左右。现在，大部分红茶都是通过向装有茶叶的干燥机中鼓热风进行干燥的。由于干燥时间和干燥温度等最终会对茶的香味造成一定的影响，因此必须非常注意。干燥后，茶叶温度很高，应尽快冷却茶叶，才能最大限度地避免红茶的味和香有所损失。

事实上，干燥并不只是为了减少水分含量，更是为了增加绿茶，特别是乌龙茶特有的味和香。

干燥机

分类

　　将干燥好的茶叶放入振动筛选机，自上而下经过数层筛子，根据茶叶的大小进行分类。每层筛子只筛出一定大小的茶叶，更小的茶叶由下一层筛子筛出。最上层筛选出的整叶（whole leaf）品质最好，拥有茶叶丰富的味道。品质较好的碎叶（broken）味道有些强烈。筛选出的破损程度严重的茶叶分别被称为茶末（fannings）和茶粉（dust），这种茶叶一般用于制作茶包。茶叶大小不同，等级也不同。人们将茶叶进行分类后包装销售。

　　绿茶要经过杀青和揉捻，红茶则不进行杀青，但要经过长时间的萎凋、揉捻和氧化，最终制成完全不同的成品茶。而以英国人为代表的欧洲人在开始接触红茶的约200年间一直认为生产红茶和绿茶的茶叶是采自完全不同的两种树种。

　　以上介绍的红茶的加工过程，即采叶—萎凋—揉捻—氧

大吉岭的筛选机（左图）和包装好了准备出库的红茶（斯里兰卡）

化—干燥—分类，如今已经成为加工红茶的标准过程。通过
与其他红茶加工方法如 CTC 进行对比，更可以了解到该加工
过程形成的历史背景和意义。

3. 神奇的半氧化茶——乌龙茶

乌龙茶的起源

  笔者对乌龙茶的印象来源于韩国饮料公司销售的罐装乌
龙茶。罐上灰暗的设计总给人一种陈旧的感觉，连名字都有
些生疏，茶味浓而涩。一直到最近笔者还在想是否真的有人
会花钱买这种乌龙茶喝。

  真正的茶的世界其实是乌龙茶的世界。笔者一直都希望
有机会可以亲自到乌龙茶的世界中感受一下。如果将绿茶比
作是静态的、黑白的饮料，红茶就像油画一样，而乌龙茶则
像是动态的水彩画。

正如前文所讲，六大类茶是根据氧化程度而划分的。绿茶和红茶分别为非氧化茶和完全氧化茶，而乌龙茶则为半氧化茶或部分氧化茶。

如果用数字来表示氧化程度的话，绿茶和红茶的氧化程度可看作为 0 和 100[①]，乌龙茶的氧化程度为 10 至 80。正如数字所示，根据氧化程度不同，乌龙茶的味和香也存在很大的差异。

和其他茶一样，茶叶品种和风土（包括土壤、阳光、降水量、风力、倾斜度、灌溉、排水等）的差异以及加工过程的不同会给茶叶的味和香，特别是给乌龙茶带来很大的影响。

乌龙茶起源于 17 世纪初明末清初时期在福建省武夷山生产的部分氧化茶。相比将其看作起源，将其看作乌龙茶发展的开端则更为确切。因此，有许多茶叶专家认为 17 世纪中叶以后传入欧洲的和绿茶一起开始生产的茶为乌龙茶。

相比绿茶，欧洲人更喜欢乌龙茶，所以为了更符合欧洲人的口味，茶叶的氧化程度越来越高，最终发展为红茶。而不喝红茶的中国人则选择发展乌龙茶，因而形成了今天华丽多样的乌龙茶世界。

乌龙茶在外形上具有两大特征。常见的有外形似树枝但茶叶大小比绿茶和红茶大的条形[②]和像珠子一样的珠形。茶叶外形的不同取决于加工过程的不同。下一部分将全面介绍包含茶叶外形加工在内的加工过程。乌龙茶种类丰富，加工过程也很多样，本书介绍的只包括最基本的、必须要经过的加工过程。

---

① 绿茶有时也会发生某种程度上的氧化，红茶也不是都会完全氧化。
② 因形状像树枝条，因此被称为条形。

加工过程

相比红茶和绿茶，乌龙茶的加工过程较为复杂。主要包括：采叶、萎凋、做青、杀青、揉捻（包揉）、干燥、烘焙。以下将分阶段进行介绍。

第一，乌龙茶的采叶时间比绿茶的采叶时间靠后，需采摘较为成熟的叶子。这时茶叶的芽也几乎快长出叶形，要想制作优质的乌龙茶，必须使用大小相似的叶子以保持品质的均衡。

采叶时要将茶叶的第三片叶以上（包括连接叶的枝干和芽）一次性折下。观察加工好的珠形乌龙茶时，不难发现珠形乌龙茶旁边会有突出的枝干。加工精良的乌龙茶在沏泡后，人们也可以清楚地看到枝干上仍然连接着两至三片叶子。

第二，萎凋主要依靠日光完成，像夏天村子里晾晒干辣椒一样，人们会将茶叶在宽大的防水布或竹筛子上摊开。与红茶不同，乌龙茶的萎凋根据天气情况，时间会保持在30分钟到两个小时之间。

第三，做青是制作乌龙茶的步骤中核心的一步。用竹筛子左右筛动萎凋后的茶叶，以便破坏茶叶的细胞膜使细胞液流出促使茶叶氧化。也可以将其看作一种揉捻的过程。这时叶两边先受到损伤，乌龙茶的标志性特征——"绿叶红镶边"就逐渐显现，即叶边为红色，中间为绿色。

这样间歇性筛茶叶需重复10至18个小时，也可将此过程看作是制作红茶时揉捻和氧化同时进行的步骤。由于该过程主要依靠茶叶和筛子间的摩擦，因此相比用机器揉捻强度要弱了许多，这就是做青。如今主要用机器做青，一般是将茶叶放入像竹夫人一样的桶内转动，让茶叶受损。在中文中做青包括了摇青和静置两部分。

将茶叶放在图中的凹凸部分上，上方施以适当的压力，一边旋转一边损伤茶叶，大吉岭的揉捻机为下方旋转。

第四，杀青。经过做青后，茶叶部分氧化。将做青后的茶叶放入热锅或高速旋转的干燥机内，温度设置在 300 摄氏度左右，经过五至十分钟的杀青，茶叶的氧化会完全终止。虽然乌龙茶杀青和绿茶杀青在概念上相同，但绿茶杀青是在采叶之后的氧化初期中断氧化，乌龙茶则是在氧化进行到某种程度后中断氧化。

第五，揉捻。该阶段在外形上将乌龙茶划分为枝形乌龙茶和珠形乌龙茶。为了揉捻出不同形状的乌龙茶，需使用加工绿茶和红茶时使用的揉捻机（rolling machine）。珠形乌龙茶还需包揉加工，之后会进行说明。

将乌龙茶制成珠形的过程叫作包揉。这也是乌龙茶加工过程中的一大特征。珠形乌龙茶需要卷得十分紧致，因此体积虽小，重量却不轻。用热水泡茶时，珠形乌龙茶便会恢复完整叶形。若用玻璃茶壶泡，该过程则会显得更为神奇。笔者也曾经用玻璃茶壶泡过乌龙茶。虽然用紫砂壶泡出的乌龙茶味道更正宗，但只要不是和其他人一起喝，笔者更喜欢用简单的方法泡茶。

包揉的过程是将10至20公斤经过杀青和短时间揉捻（也有很多时候会省略该过程）后的茶叶放入方形白布中，用机器将其包成圆珠形。然后将包有茶叶的布球放入上下可以施加压力的机器中，在受压的同时，不断旋转翻动。大约10分钟之后将布球解开，把聚成团的茶叶放入旋转的汽缸使其分散开来。再将分散的茶叶用布包好。这个过程需重复数十遍。最终可得到被卷得十分牢固的珠形乌龙茶。

第六，干燥。该阶段操作困难且多样，不易清楚说明。干燥方法主要分为两种。第一种是我们熟知的将水分含量减少到3%以下，防止其继续反应。这是一般茶叶在加工过程中常用的方法。第二种也可称之为烘焙，是将放有茶叶的竹篮放到炭火上焙烤，焙烤时间为两至60个小时。现在烘焙一般是在类似烘炉的机器中进行的。烘焙不仅起到干燥茶叶的作用，还可以加强茶叶的味和香，这项工艺是中国茶叶的一大特征。对于专业的烘焙技术，不同的茶叶生产者有不同的方法，

所以概括起来有一定的难度，也难以轻易为其下定义。

　　以上提及的内容只是制作乌龙茶的基本过程。详细了解的话，会发现乌龙茶的制作过程各异。但即使是只了解加工过程的基本框架，对于我们区分不同的茶叶和自学茶叶的有关知识也有很大的帮助。

　　根据不同的产地，可将乌龙茶分为四种，分别为：闽北乌龙、闽南乌龙、广东乌龙和台湾乌龙。这里的"闽"指中国的福建省，闽南、闽北分别指福建省的南部和北部地区。

闽北乌龙——大红袍

　　闽北乌龙一般指的是福建省北部武夷山生产的乌龙茶。人们熟知的茶叶为武夷岩茶，也可称之为武夷名丛。武夷山是由石灰岩组成的岩石山，常年多云多雾，茶树则生长在狭窄的岩石缝中。尽管这种环境对于人类来说较为恶劣，但却可以为植物提供重要的矿物质和营养成分。所以，岩石众多

在香港购买的大红袍

　　　　　　　　　　　　第一部　红茶是何物

的武夷山上生产的武夷岩茶的名字中也包含了"岩"字。

虽然现在也生产类似正山小种和武夷山小种的红茶,但岩茶则更有特色、更加有名。武夷岩茶中有名的茶有:大红袍、水金龟、铁罗汉、白鸡冠、肉桂、水仙等。

大红袍可以称得上是武夷岩茶中的"茶王",历经强力揉捻制成,颜色厚重,给人一种魁伟的感觉。而泡好的茶水呈现橙黄色、色泽鲜亮。大红袍的氧化程度与红茶的氧化程度较为接近,是乌龙茶中氧化程度最高的。大红袍给人一种类似烤桃子的水果甜香味,而茶叶的品种和烘焙的强度不同,味道也不同。这种香味是岩茶特有的香味,人们称之为"岩韵"。

闽南乌龙——铁观音

闽南乌龙的代表茶叶是安溪铁观音。即使对中国茶叶和乌龙茶不怎么了解的人也基本上都听说过铁观音。黄金桂、毛蟹和奇兰等茶叶也产于此地。

与阿里山乌龙不同,铁观音虽然经过包揉后外观呈现珠形,但仍较为松散,其中还含有少量的褐色枝干。铁观音一边略微扁,亮绿色和暗绿色交汇,给人一种清爽的感觉。这种铁观音烘焙程度较轻、香气清爽,属于"清香"型铁观音。

闽南乌龙茶的品种和闽北乌龙茶有所不同,氧化程度比闽北的低。闽南乌龙茶重视茶叶的香,这也是闽南乌龙茶与强调浓郁味道的闽北乌龙茶之

间较为明显的差异之一。闽南乌龙茶茶水是干净透明的豆绿色和黄色，颜色十分淡雅美丽。尽管颜色给人一种少女的感觉，但其滋味却很醇厚。

泡开的茶叶因包揉表面会有一些褶皱，叶色为暗沉的深绿色，边缘为紫色。这是茶叶制作时摇青的结果，也是制作精良的铁观音的代表性外观。

广东乌龙——凤凰单丛茶

凤凰单丛，一种从名字就散发着高贵气息的乌龙茶。这种茶也是品质优良的好茶。这里的"凤凰"是指茶树的生长地——广东省潮安县凤凰山，"单丛"是指该茶叶是用同一株茶树上的叶子制成的。即每株茶树单独采叶和制茶，而现在也指在同一品种的茶树上采叶然后制茶。

因此，凤凰单丛是用从凤凰水仙茶树上采摘下的茶叶制成的茶的总称，而非个别的茶的名字。凤凰水仙由于遗传的多样性，会多次产生变异，在变异中被选择的种类则存活到现在。

凤凰单丛的一大特征是茶叶的香味是花香和水果香。也因为如此，凤凰单丛中不同的茶会根据茶树的香味进行分类并

命名。如蜜兰香凤凰单丛、芝兰香凤凰单丛、桂花香凤凰单丛、黄枝香凤凰单丛等，根据香、味的不同进行分类可分为几十种不同的茶。让笔者印象深刻的是桃香凤凰单丛，香味十分浓郁，让人忍不住怀疑它添加

了人工香料。

凤凰单丛外形优雅，与大红袍相似，接近直条形。它的茶水清澈、黄亮，泡开的茶叶呈现明显的"绿叶红镶边"。

台湾——阿里山乌龙

过去，葡萄牙人将中国台湾称作"美丽的岛"（Ilha Formosa）。台湾与福建隔着台湾海峡，南北长约380公里，平均宽度约为140公里，是一座面积不大的岛。岛上三分之二都被茂密的森林覆盖，山多，气候为亚热带气候，具备了生产品质优良的茶叶的有利条件。

19世纪中期以后，中国的台湾地区开始出口茶叶。1945年后，在中国停止海外贸易的20世纪50年代到70年代，中国的台湾地区生产和出口龙井和铁观音等名茶，获得了巨大的利润。中国改革开放之后，开始出口价格较为便宜的优质茶，台湾地区的茶叶出口竞争力急剧下降。

于是，台湾的茶叶制造者们开始改变乌龙茶的发展方向，特别是在20世纪80年代初期专注生产高山乌龙茶。直到今天，中国台湾已经成为生产最为优质的乌龙茶的地区。

台湾从生产文山包种茶、东方美人茶、冻顶乌龙茶起，到后来开始生产阿里山茶、梨山茶、大雾岭茶等长于高山地带的茶叶。茶叶的香、味和茶水颜色多种多样，成品茶外形大体分为条形和珠形。

中国台湾高山地带的乌龙茶相比中国大陆的乌龙茶氧化程度较低、重量较轻、较新鲜，在香、味上也存在一定的差别。阿里山乌龙茶生产于海拔1500米以上的高山地带。乘车上山后可以看到，尽管海拔很高，但山头上有平缓的土地，一眼望去，四周满满的都是茶田。

看着蜿蜒曲折、相互交错的路就可知道其海拔之高。导游说每次来的时候，山上云雾缭绕，几乎看不到周边的样子。不过幸好我们去的时候天气晴朗，视野十分开阔。

让人印象深刻的一点是，即使是在海拔那么高的高山地带，喷水器也配置得良好，一直在喷水。茶田下方的山上放置着一个巨大的水箱，在湛蓝的天空的映衬下，显得极为笨重。每到 11 月左右，花瓣渐渐变白和凋零，内部的金黄色花蕊露出，到处都有蜜蜂采蜜。

由于云雾阻断了湿气和阳光，凉爽的天气使阿里山乌龙茶充满了浓缩的茶香。香味不仅可以闻到，还可用舌头感觉到。西方人常常贴切地形容这种滋味就像茶香给舌头镀了一层膜。茶水清澈，滋味却如此醇香，不禁让人感叹其神奇之处。

阿里山高地上的茶园

东方美人茶（白毫乌龙）不同等级的茶叶，从左至右等级逐渐升高

若说大吉岭春茶的香味是向四周扩散的，那么阿里山乌龙茶的香味则是深藏其中。但也有人猜测这种差异只给味道带来一定的影响。阿里山乌龙茶兼有绿色和深绿色，茶叶上的枝干就像豌豆的尾巴一样。仔细观察用玻璃茶壶泡好的茶叶，可以看到展开的茶叶上叶脉清晰可见，还可以明显地看到因摇青而产生的"绿叶红镶边"。在茶壶中放入几颗珠形乌

茶花

龙茶，泡开后，茶叶就可以填满整个茶壶。观察泡开的茶叶，同一枝干上一般连接着三片以上的叶子。豌豆大小的珠形乌龙茶竟然包含着如此多的枝叶，可见茶叶的包揉过程是多么的精细。

同属乌龙茶系列的武夷山大红袍和阿里山乌龙茶就好似同一光谱的两端，无论是在加工过程、味、香上，还是在外形上，差异都比较大。

这就是美丽的乌龙茶世界。

在茶壶中放入豌豆大小的茶叶，一段时间后，
完整的茶叶显现出来了。尤其是在从上至下数
第三幅图中，可以清晰地看到茶叶的叶脉和茶
叶边缘微红的"绿叶红镶边"现象。

4.似氧化而又非氧化的茶——白茶

白茶是制作较为困难的茶。白茶泡出的水色与其他茶的水色都不同，它的颜色几乎和水一样，味道也很淡。所以，不懂茶的人喝白茶，很有可能会十分失望。

但是如果仔细观察，白茶的水色其实与蜂蜜水的颜色类似，也可以将其看作淡黄色。白茶的味道十分微妙，香气充满口中，还略微有点甜。

白茶的这种特征主要是由于白茶完全是用芽制成的，而且和其他茶不同，它的加工过程十分单一，人工干预少。虽然用语言描述十分简单，但实际生产时是十分困难的。

白毫银针

白毫银针是指产于福建省的真正的白茶。但现在人们比较容易接触到的是类似白牡丹、贡眉、寿眉等变种白茶，而不是加工困难、产量稀少的白毫银针。虽然在中国历史上很早就提到过白茶，但我们所知的白毫银针是在 19 世纪中后期才在福建省开始生产的。白毫银针并不是用一般茶树的芽制成的，而是用福建政和地区的政和大白茶茶树和福鼎地区的福鼎大白茶茶树的覆盖着白色绒毛的肥壮单芽制成的。

春天的时候，新芽生长，它吸收了茶树整个冬天储存的养分，它所含的茶香味比任何时候都丰富。再加上为了保

护幼芽，白色的绒毛满满地覆盖在芽上。将肥大的芽采下后，只进行萎凋和干燥，尽管看似简单，但却极难操作。

　　加工白茶不需要像绿茶一样经过杀青和揉捻，也不需要像红茶一样进行氧化。当然萎凋从某种程度上来讲也是一种自然氧化。就像中国的茶叶根据地区不同加工过程也会有所不同一样，不同生产者在加工白毫银针时，萎凋和干燥的过程也会有所不同。

　　干燥的时候，从不同角度观察淡绿色的芽颜色会有变化，可以变化成像珍珠一样的银色或绿灰色。这是因为芽内部的未成熟的叶绿素在逐渐消失。成品白毫银针外形虽然扁平，但却维持了芽原有的修长的形状，而且仍有白色的绒毛覆盖。这种茶较为纤细，需要用70至80摄氏度的温水泡6至8分钟左右。这是由于未经揉捻的茶完整性较强的缘故。

　　泡茶时，向玻璃茶壶中倒入温水，待茶叶散开浮于水面，再轻摇茶壶，可以看到浮在表面上的茶叶中有一部分会浸入水中并保持竖直状态。渐渐地水色会变为淡黄色或淡绿色，而茶叶则变为淡绿色或淡的艾灰色。

白毫银针的魅力就在于纯粹、单一。尽管颜色很淡，但滋味却可以满满地萦绕于口中，口感又甜，有一种好似水果香又好似花香的味道。相比烘焙过的绿茶的香味，白毫银针的香味较淡。虽然如此，但其香味是较为稳定持久的，也由此可以看出白毫银针的贵族气息。

由于饮用白毫银针的人越来越多，全世界越来越多的地方也开始生产白茶。在中国安徽省等许多地方也开始生产。在国外，印度的尼尔吉里、大吉岭、阿萨姆，斯里兰卡，甚至肯尼亚也开始生产白茶。笔者现在收藏的正宗的白茶有三种，一种是在新加坡 TWG 商店里买的标有"银针"的白毫银针，另外还有在迪尔玛和川宁买的产于斯里兰卡的斯里兰卡银茶。

除中国以外的其他地方也在尝试生产白茶，特别是斯里兰卡生产的白茶以其优良品质收到了众多好评。但相比超大规模的红茶生产量，白茶生产规模还比较小。

能否克服不同的环境生产出和福建白毫银针一样的优质白茶还有待观察。当然人们最期待的还是价格合理、购买方便的白茶。

斯里兰卡银茶外观上具备和白毫银针相同的要素，是十分优质的茶叶。由于白茶本身性质较为细腻，所以味道上没有特别明显的差别，只有一些细微的不同。但这是笔者个人的观察结果，所以也不好下定论。

现在我们可以买到的白茶主要有三种：

在川宁购买的大吉岭白茶，生产于欧凯蒂（Okayti）茶园，其外形一般，味道也差强人意。

一是，福建省生产的传统白毫银针；二是，和白毫银针相似，利用传统方法生产的像斯里兰卡银茶等产于福建省以外的白茶；三是，产于福建的变种白茶，如白牡丹、贡眉、寿眉等现代白茶。

白牡丹

从白毫银针变种而来的白茶外形上与白毫银针有很大的差别，所以一般不会将二者混淆。白牡丹最大的特点就是茶叶中不仅有芽，还有叶。茶叶中叶和芽的比例决定了白牡丹的等级。芽越多，白牡丹的品质越好。

和白毫银针一样，白牡丹加工时也只经过萎凋和干燥，所以茶叶体积较大，芽和叶仿佛是未经加工一般。冲泡水色是较深的黄色，味道也比白毫银针浓郁。

白牡丹是 20 世纪初福建的茶生产者为了向英国出口茶叶制作的包含芽和叶的味道较为浓郁的白茶。和价格贵、产量少的白毫银针相比，白牡丹可以大量生产，这也是白牡丹在海外受欢迎的原因之一。白牡丹的味道延续了白毫银针微妙的香甜，又略微浓郁，品尝时口中还会留下淡淡的清香，有一种绿茶的感觉。

下文是笔者在试饮白牡丹时所写的记录，这里的白牡丹是笔者在罗纳菲特购买的品质较低的白牡丹。

白牡丹的颜色像从前预备军服的混合色。干燥后的芽和叶颜色多

玛利阿奇兄弟茶叶店的白牡丹

样，绿色略带白色，这是因为其中混有深灰色的枝干。叶子整体颜色较为明亮，枝干渐渐变为绿色，叶和芽呈现像浅绿色蜡笔一样的颜色。叶子泡过后变得很柔软。白牡丹干燥后的叶子散发着新鲜、香甜的气味。茶泡过后，香味似乎完全浸在了水中，而且茶叶在被泡之前和被泡之后香味是基本上一致的，气味只有略微一点点改变。

白牡丹有着传统白茶的味和香，它不像传统白茶那种隐隐约约的香味，而是更为浓郁。这仅仅是笔者体验到的感觉，没有评价其品质好坏。

寿眉

贡眉和寿眉在白牡丹的基础上又有些变化，它们基本上用叶制成，不包含芽。白毫银针和白牡丹生产结束后，待叶子再生长一段时间，大约晚春时节就开始生产贡眉和寿眉了。如今贡眉已经基本上有名无实，只剩寿眉还在生产。寿眉在香港的饭店及茶室很受欢迎。为了满足饭店及茶室的需求，寿眉从 20 世纪 60 年代起开始生产。这种寿眉会进行轻度揉捻和氧化，使茶的味道更加浓郁，价格也会更贵一些。这种白茶主要用于制作茶包或加味茶。

白茶可以细分为几种不同的茶。如果知道自己喝的茶是产于何地，或许我们可以更容易理解其味和香。

有时候笔者也会担心自己是否真正能得到那种产于福建的珍贵的白毫银针，或是担心即使得到了也无法品出那种微妙的味道。但本人还是会最大限度地锻炼自己的味觉，等到某一天品尝真正的白毫银针。迪尔玛和川宁的斯里兰卡银茶是使用传统方法制成的白茶，品质优秀，很有品尝的价值。

罗纳菲特的白牡丹也十分美味。最近购入的玛利阿奇兄弟的白牡丹与之不相上下。如果有机会的话，笔者想将各种等级的白牡丹品尝一遍并比较。

笔者十分珍惜在新加坡 TWG 商店买的银针，银针的品质十分优秀，以至于有时都舍不得饮用。但有关该茶叶的生产地好像没有确切的信息。虽然从名字上来看，银针有可能是产于福建的白毫银针，但也无法百分之百确定。

5. 慢工做出的甜美——黄茶

黄茶是宋朝时期献给皇帝的贡茶之一，历史悠久、品质卓越。但是由于黄茶的生产过程很复杂，所以需要下很大的工夫才能制成，茶叶产量在逐渐减少，茶叶需求量也在减少，即使在中国，黄茶的生产量也在逐年减少。

黄茶（yellow tea）在外形上和绿茶相似，不易区分。茶叶新鲜、呈绿色、叶形整齐。但是绿色的茶叶上还带着一些让人心情愉悦的淡淡的金黄色。黄茶不仅在外形上与绿茶相近，加工过程也和绿茶很相似。但黄茶没有绿茶的涩味，口感柔和、香甜、新鲜、清爽。

和绿茶相似，黄茶新鲜、清爽的味道是由于黄茶是用早春时节采摘的嫩芽和嫩叶制成的，而柔和香甜的口感是黄茶的首要特征，这种口感是由生产时进行闷黄造成的。

闷黄是指将采摘好的茶叶进行杀青和轻微的揉捻（可以省略）后，堆成堆，然后用白布包起来，少则放置几个小时，多则放置几天。这样用布将茶叶包起来，茶叶堆的内部会生热。在这期间间断地添加蒸气，调整湿度，茶叶会发生化学反应，也因此，茶叶的味和香更为柔和。添加蒸气的时间、次数、用布包茶叶的方法、包的时间等都会对茶的品质和味道带来影响。

在这个过程中，通过包茶叶的布供给空气。令人感到神奇的是，正是通过这个过程，黄茶产生了独特的味和香。有人将闷黄的过程看作一种微弱的发酵过程，也有人认为有限的氧气供给使氧化过程减慢和变长。但可以确定的一点是，闷黄的过程中茶叶会在一定时间内"休息"，而通过该过程后黄茶会早熟，变成了口感柔和香甜的茶叶。

有名的黄茶主要有安徽省的霍山黄芽、河南省的君山银针、四川省的蒙顶黄芽等。这些茶叶外形干净整齐，没有碎叶，大小均匀，颜色是略带黄色的绿色，为茶叶添加了一丝生动感。

黄茶是用春天采摘的覆盖着绒毛的新鲜的芽制成的。像白茶和绿茶一样，泡黄茶时，要将煮沸的水稍稍凉一会儿再泡，只有这样，黄茶本身天然的柔和的味道才能散发出来。正如前面所讲，如今绿茶和乌龙茶的产量不必说，就连白茶在除中国外的印度和斯里兰卡等地都开始生产了。但也不知是由于需求量减少还是由于生产过程难度过大，生产黄茶的地方仍然特别少。

在韩国生产销售黄茶的地区中，笔者有幸参观了河东的一种黄茶的生产过程。与之前提到的生产过程不同，这里生产黄茶时，不进行杀青，而是在采叶后将茶叶放在阳光下萎凋。然后进行强度较大的揉捻，随后进入闷

　　　　　　　　第一部　红茶是何物

黄过程。由于除了闷黄之外的加工过程与传统加工过程完全不同，所以成品茶叶外形、味和香与传统的黄茶都有不相同。有位西方的茶专家的评价十分贴切，他说道，韩国的黄茶真的是茶如其名，与中国的黄茶完全不同。

下面是笔者在品尝君山银针时的记录：

> 虽然猛然间会觉得君山银针的香味和绿茶十分相似，但君山银针没有绿茶的涩味，口感十分柔和，新鲜、清淡、醇正，各种感觉混合在一起，使人感觉到一种无以言说的优雅。
>
> 从茶的外形上就可以看出制茶人的诚意，茶叶如模范生一样排列得整齐、均匀，芽的外形十分完整，一点都不散乱，绿色中略带灰色。
>
> 君山银针泡出的水色和白茶相似，是米黄色。可以清晰地看到，茶叶在玻璃茶壶中排成一列。看着美丽的芽，心中不禁对中国的茶叶产生了一种敬畏感。

6. 经得住时间考验的黑块——黑茶

黑茶和普洱茶

黑茶是后发酵茶，茶叶呈黑褐色，水色一般为黄褐色或红褐色，是六大类茶之一[1]。

云南省的普洱茶、湖南省的千两茶和黑砖茶、广西壮族自治区的六堡茶等都属于黑茶。但无论在产量上还是在认知

---

① 郑东孝，尹柏贤，李英熙 . 茶生活文化大全 [M]. 首尔：홍익재，2012.

中国云南省西双版纳的茶地

度上，普洱茶都具有压倒性的优势。不仅在韩国，在许多西方国家，普洱茶都是黑茶的代表，甚至有普洱茶与黑茶是同一种茶的说法。普洱茶有降低胆固醇和血糖的功效，还有助于减肥。这些优点众所周知。在韩国只要提到中国茶叶，人们就会想到普洱茶，普洱茶已然成为中国茶的代名词。

从学术的角度上来说，普洱茶是六大类茶中，研究得最少，资料最零散的茶。以下笔者将简单介绍最基本的普洱熟茶（熟饼茶）和普洱生茶（生饼茶），并对加工的方法和加工的不同之处进行说明。

普洱茶的定义

普洱茶主要产于中国云南省南部与老挝、缅甸接壤的普洱与西双版纳地区。那里以茶树的发源地而闻名。普洱是周边生产地加工的茶叶的集散地。据说，普洱茶就是因集散地得名的，不过也有人持反对意见。

2008 年中国政府对普洱茶的定义为，在云南大叶种茶树上进行采叶，将采摘的叶子放置在阳光下晒干，以此作为原料，在云南生产的茶称为普洱茶。普洱茶可分为熟茶和生茶两种。[①] 普洱茶最初产地是云南，但由于历史和经济原因，广东、福建、四川等云南以外的地区也开始生产。不仅如此，越南、老挝等其他国家也开始生产普洱茶。由于市场混乱，中国政府对此进行了规范。了解熟茶和生茶有重要的意义，接下来，就让我们一起来了解一下。

笔者的工作室中有数百种红茶。因好奇茶叶的香和味，所以一样样将它们买回来研究，以至于整面墙上满满都摆着红茶。而笔者最担心的是茶叶的香和味会随着时间的变化而变化。和绿茶不同，经过氧化的红茶在很长一段时间内味道会保持原样，而过了这段时间后品质就会开始下降。然而用优良茶叶制成的普洱茶随着时间的增加，味和香都变得成熟后，反而更有魅力了，像陈年红酒一样。这点是普洱茶至今仍十分受欢迎的原因之一[②]，这种变化被称为"后发酵"[③]。

---

① 申定贤.普洱茶的魅力 [M]. 首尔：이른아침，2010：186.

② 这里并不是指所有的普洱茶，而是指品质好的普洱茶。红酒也是，年生产量的 95% 都最好在一年内消费掉。只有 5% 的红酒在保管 1 至 5 年后，味道会更加醇香。而所谓的年数越长越优质的红酒其实只占 1%。

③ 申定贤.普洱茶的魅力 [M]. 首尔：이른아침，2010：191.

刚制成的茶叫作生茶，经过后发酵过程的茶被称为熟茶①。

制作精良的生茶或多或少味道会有些浓，但也有人喜欢生茶这种明亮、醇正而清新的味和香。随着时间渐渐变化的熟茶的味道则较为柔和，是普洱茶的又一特征。不仅是韩国，普洱茶的最大消费地——中国的香港、台湾、广东等地区的人们都比较喜欢熟茶的味道。但是熟成的时间是不能像一年、五年、十年这样明确区分开来的。因为根据后发酵的状态不同，保存茶叶的方式也不同，其中有太多的可变因素。普洱茶只有在温度和湿度适当、氧气充足的条件下才能变为熟茶。由于熟成的条件很严苛，在自然状态下需要花费过长的时间，为了满足喜欢熟茶的消费者的需求，人们开发出了人工发酵的方法，使生茶在数十日之内就可以变为熟茶。

普洱茶的加工过程

为了制作初步茶（或毛茶）需要经过第一阶段的加工过程，之后将其加工为普洱茶又要经过两个阶段。

毛茶加工

这个过程主要分为采叶—杀青—揉捻—干燥四个阶段，和绿茶的制作方法类似。但是有一点不同，采叶一定要在云南大叶种茶树上采摘，杀青前要将茶叶薄薄地平铺在通风良好的地方晒一定的时间。尽管萎凋的时间要比红茶的萎凋时间短许多，但也许就是因为短时间的萎凋使茶叶发生化学反应，气味才变得香甜。

---

① 也有一部分饮用者将以生茶为原料进而成熟的茶叶称作"生茶"。在韩国饮用刚加工好的生茶的人并不是很多。

晒一段时间后，将茶叶放入热锅中烘焙杀青。虽然因为地域不同，杀青的方法也多种多样，但基本上都是以破坏氧化酶活性，阻止氧化反应的发生，便于揉捻为目的。

揉捻的目的相信大家也很清楚，即破坏茶叶的细胞，使散发茶叶香味的成分出来，同时减小茶叶体积。

揉捻后要干燥茶叶。正如定义中提到的，一定要用日光晒干。云南阳光原本很强烈，但若遇上阴天则需要用烘焙机进行干燥，但是用这种方法干燥的毛茶为原料制成的普洱茶难以长时间保存。

干燥后的茶叶还不是普洱茶，仅仅是作为原料的初步茶，即毛茶。生茶和熟茶就是用这种毛茶制成的。

生茶加工

在阳光下晒干的杀青茶体积较大、易碎。将357克茶叶放在底部留有小孔的筒状容器中，向其中注入蒸气，茶叶浸在蒸气中会慢慢变软，体积急剧减小。然后将茶叶放入白色的袋子中包成团状，在袋子上压上扁平的压茶石，人站在压茶石上踩动。踩动时要保持用力均衡。只有这样才能得到美丽的飞碟状的茶叶。像这种飞碟状的茶叶被称为茶饼（除茶饼外还有矩形的茶砖、一面凹陷的碗状沱茶、正方形的方茶、香菇状的紧茶等）。茶叶结块时产生的顶圈就是普洱茶背面的槽。现在大型工厂生产时常用压力机代替脚踩。

待茶叶冷却后，解开袋子，将茶叶放在通风良好的架子上晾干。大型工厂也常常使用干燥机进行干燥。

将干燥好的茶叶用纸包好，再用笋壳将七饼茶包在一起即可。这种生茶可直接饮用，若原料较为优质，可将其保管在温度和湿度适宜且通风良好的地方，经过一段时间，可以得到更为优质的普洱茶。

熟茶加工

虽然说刚加工好的生茶也可以喝，但对于想要喝熟茶的人来说，等待生茶成熟的过程过于长，且每个人对熟茶生成的时机把握也不准。在熟茶的最大市场中国香港，自1850年左右人们开始喝普洱茶起，大家就偏爱熟茶。为了满足这类消费者的需求而生产的茶叶则为人工发酵茶。

云南人经过长时间的研究，终于在1973年研发成功。尽管这种发酵技术仍然作为秘密被严格保守，但即使其他国家知道了，操作起来也并不容易。但可以推测这种发酵方法与酒通过酵母产生作用酿酒的方法类似，也是通过某种微生物在茶叶中的作用使茶叶变熟的。

大致的方法是：将干燥好的毛茶放在发酵室的地板上，堆成扁平宽大的茶堆。一般一堆茶叶的量大致在十吨左右。每堆茶叶的量基本上都是以吨为单位的。向茶叶喷洒大约是茶叶重量的30%至40%的水，然后将茶叶蒙好。这是熟茶在人工发酵过程中的核心技术——渥堆。"渥"是指向茶叶喷水，"堆"是指将茶叶聚成堆。在这种状态下产生的微生物使茶叶中的成分发生化学变化。微生物作用的最重要的条件是湿度和温度。要想创造适合的温度环境，不仅茶叶的量要多，而且要防止温度向外扩散，所以需要将茶叶盖好。大约40至60天，毛茶就可以变成熟茶了。

关于普洱茶，各人有各人的主张和见解，笔者在写下自己的看法时是十分小心的。由于可能引起争论，对于普洱茶还在进行研究的内容本人没有过多言及，只简单介绍了笔者在了解普洱茶时最好奇的熟茶和生茶的概念。

虽然人们长时间将生茶的变化称之为后发酵，但这种说法是否正确还无法确定，笔者也常常因各种新的主张、说法感到混乱。①

---

① 杨中跃（《新普洱茶典》）认为熟茶虽然是渥堆发酵制成的发酵茶，但生茶的变化过程并不能被称为发酵过程。

第二章
红茶的诞生

1. 中国各王朝的茶文化——茶的起源和各个时代的划分

茶的起源和传说

在有历史记录之前，据推测茶树主要生长地和茶叶消费地在印度东北部阿萨姆地区、中国云南省及其与之相邻的缅甸、越南、泰国北边边境的地区。

虽然在地图上可以明显地区分开中国的云南和缅甸、老挝，但实际上在山地地形区是很难将边界清楚地分辨出来的。尽管如此，长久以来人们还是认为中国是野生茶树的发源地，并将云南省北部及四川省作为最初的茶园诞生地。茶来源于中国这一认识已经成了既定的事实。

从地理方面看，阿萨姆地区的茶树其实早已存在，只是由于当地人烟稀少，知道的不多，恰逢当时英国人急切地寻找茶树，最后终于被英国人发现了。

西双版纳位于云南最南边的与老挝和缅甸的交界地区。

直至现在，西双版纳古老的丛林中仍能发现古老的野生茶树。最终，茶树从云南起开始向东延伸。

但是，相比与茶叶爱好者分辨茶叶的发源地，一起了解茶的传说则更有趣，因为可以一起分享谈论的东西真的是太丰富了。

神农皇帝和达摩祖师

众所周知，有关茶的诞生的第一个传说和中国神话中的皇帝神农有关。相传神农为牛头人身，他不仅教给人们做农活的方法，而且还亲自尝试各种草药，区分有益药草和有害药草，也有说法称其为中医奠定了基础。

相传神农在中国南部的山区周游时停下休息了一会儿。弟子们在烧水时，风中飞旋的叶子掉到了煮沸的水中。神农感到很好奇，于是喝了一点叶子煮的水。虽然味道略微苦，但心情却变得很好，感觉也更有活力了。在了解这种植物后，神农开始教人类有关茶叶的知识，从那时起，人类就开始喝茶了。这就是有关茶的发现的传说。

神话传说让我们的生活变得更加丰富。虽然神农的故事是个传说，但在韩国仍有关于神农的祭祀活动 ①。

关于茶的起源还有一个传说：达摩祖师在打坐时由于太困于是毅然把眼皮撕下来，丢在地上。不久之后，眼皮丢弃的地方长出一丛叶子翠绿的矮树丛。达摩在吃了上面的叶子后就不再感觉到困乏了。这也是有关茶的传说之一。这个故事含蓄地表述了茶的作用。

---

① 2013 年国际茶叶节上举行了神农告朔祭活动。

更为具体的且有可能是事实的是前面说到的有关四川最早的茶园的事。中国西汉时期甘露寺的普慧禅师吴理真在蒙山山顶种下了七株茶树，成为了最早的人工栽植茶园。自那以后，蒙山生产的茶一直作为贡茶献给皇帝。直到现在，该地仍然是著名的绿茶——蒙顶甘露和黄茶——蒙顶黄芽的生产地。如此看来有关蒙山的故事也不仅仅是传说了。蒙山顶上景色优美，还有很多和茶相关的纪念物。如果有机会的话，笔者一定要去一次蒙山。

传说中有许多和宗教有关的内容。茶最初是作为一种药材栽培的，而后由于道教、儒教、佛教的修行者的需要人们开始正式栽培和消费茶叶。过去不说饮茶，而是说消费茶，这是由于当时的茶不是如今我们熟知的清澈液体，人们向茶中添加各种添加物，这种使用茶叶的习惯一直到唐代才慢慢发生变化。

茶这种饮料（暂且称之为饮料）可以使喝的人平静下来，神清气爽，是三大宗教修行者修行和冥想的必需之物。

尤其是随着佛教在中国的普及，茶叶也随之扩散。僧人们栽培茶叶，开始确立了栽培的方法，并且为了寺院的开销也会卖茶叶。渐渐地僧人们还教会了当地农民如何栽培茶叶。

唐代首次发现茶叶也可以是饮料

到了唐朝，茶不再仅作为药材使用，而是作为独立的一种饮料，展现出它真正的风采。这个时期艺术和文化盛行，服饰和生活用品也追求奢侈风。喝茶成为上流社会人士消费和休闲的手段之一。唐代人通过这种饮料寻找快乐，首次举行了某种形式的茶聚会。

19世纪日本画
家所画的神农

19 世纪中国用戎克船运输茶叶

唐代茶专家中的名人陆羽

与此同时，在唐朝，饮茶的方法也处处显示着贵族的精致和严谨。唐朝时，人们首次制作了茶具，用于招待客人。人们喝茶越来越讲究，茶具和盛放其他实物的器具之间的差别也越来越大。

从那时起，人们开始强调礼仪和社会秩序。一些专门为贵族准备名贵的茶和筹划高雅的茶聚会的茶专家也由此而生。

在这些茶专家中，有一位中国茶叶历史上的伟大的人物——陆羽（733—804）。陆羽将茶的加工方法、有关茶具的选择、煮茶和饮茶的方法等一切有关茶叶的事宜规范化。这一切都记录在他所写的《茶经》中，这是历史上第一部介绍茶的书。

不仅如此，陆羽在《茶经》中指责了当时人们在煮茶时向其中添加洋葱、生姜、丁香或薄荷的方法，强调纯净的茶叶的味道。《茶经》有几种比较简单易懂的译本，大家在阅读时，不要将其看作一本1200多年前的书，而要把它当作学习茶知识的人必读的一本书。通过这本书，大家可以更加深刻地了解茶叶。

饼茶

在中国茶的历史的前中期，即从战国（魏国）起，经过秦朝到唐朝，直至宋朝的1000年间，茶都是饼状的，是采叶后进行蒸压得到的。陆羽《茶经》中记录的方法如下：

1. 用高温蒸气蒸煮采集好的新鲜茶叶。
2. 将蒸过的茶叶放在一起捣碎。
3. 将捣碎的茶叶放入圆形、方形、花形等形状的模具中，将茶叶制成模具的模样，大小并不固定，周长为21至24cm，厚度约为1.8cm。
4. 茶叶成形后，由于水分含量较高，需要进行干燥后才可保存。

虽然不同茶叶的制作方法等略微有些变化，但基本上都是按照《茶经》中描述的方法制作成饼茶的。相比现在的散茶，饼茶更便于储藏和运输，因此人们最初十分喜欢这种茶饼。

不同朝代饮茶方法有何不同

虽然很多朝代都喜欢饼状的茶叶，但不同朝代的茶的饮用方法存在着明显的差异。唐人煮茶，宋人点茶。

唐人在煮茶时，将茶饼撬开，然后将其放入煮开的水中，在煮一段时间后用勺子将茶水盛到茶杯中饮用。到了宋朝，人们先将茶饼用石磨磨为纤细的粉末，然后将茶末放入茶碗，冲入开水，一边冲一边搅，茶水上还会泛出一层乳白色的泡沫。

宋朝时，制作在茶会上使用的饼茶（尤其是皇室用的龙凤团茶）需要大量劳动人民付出努力。明太祖朱元璋在了解此情况后，废除了饮用团茶的规定，大力倡导人们饮用叶茶。

从明朝起就开始流行今天我们熟悉的泡茶的方法。茶不再是饼状，而改为了叶状，一直延续至今。茶叶在传播到欧洲的同时，明朝泡茶的方法也一并传了过去。

中国幅员辽阔，各个时期饮茶的方法并不是特定和唯一的，而是多种饮茶方法并存。即唐朝人也会点茶，宋朝人也会煮茶。而上述介绍的只是各个朝代主要的饮茶方法。

日本人冈仓天心[1]在《茶之书》一书中将饮茶的方法大致分为以下三种：

> 和艺术一样，追溯茶的发展过程，可发现几个重要的时期和流派。按照发展历程来看，大致可分为以下三阶段：煮茶、点茶、泡茶。我们现在一般采用第三种方式饮茶。……中国唐、宋、明朝分别采用团茶煮饮法、末茶点饮法、叶茶泡饮法，展现了各个时期的精神特色。借用艺术样式分类的专业用语来形容，三个朝代分别为古典派、浪漫派、自然派。

---

[1] 原名冈仓觉三（1862—1913），近代日本美术先驱、思想家。1904年起在美国波士顿美术馆的中国·日本美术部工作。1906年写的《茶之书》中展现了日本茶道的哲学和精神，对西方人了解东方的茶起到了很大的作用。

第一部　红茶是何物

随着茶从具有悠久历史的紧压茶（饼茶）到明朝的散状茶叶（散茶）的转换，茶的世界迎来了新的转机，茶的味和香越来越多样。自此，红茶和乌龙茶也将登上茶的历史舞台。

2. 红茶的诞生——正山小种和拉普山小种

Bohea 的诞生

虽然根据传说记载，红茶是由从中国出发、经过长时间航行的船上的绿茶在潮湿闷热的环境下发酵而成的，但人们一般认为红茶的元祖是中国福建武夷山桐木村生产的正山小种，又称拉普山小种。

清朝初期，清军为了讨伐残留在福建一带的明朝叛军，进入了武夷山桐木村。为了躲避清军，村民们在逃走前将还未来得及收尾的茶叶用松枝烟熏，然后将茶叶保管了起来。清军撤退走后，村民们回到村里将之前保管的茶叶拿出来，但茶叶充满了松枝燃烧时产生的烟味，品质下降。村民们将品质变差的茶叶以低价卖出。买到这种茶叶的欧洲人却喜欢这种味道。这就是传说中红茶的起源。

暂且不谈上述内容是否属实，但从这个传说产生的时期和茶的发展历程来看，许多研究者对于明末清初武夷山一带已经有部分氧化茶存在的说法是比较认同的。这种部分氧化茶逐渐发展成为了乌龙茶和红茶。

从前，英国一直从荷兰进口茶叶。早期荷兰向欧洲其他国家出口的茶叶为绿茶。人们推测1689年英国开始直接从离武夷山不远的福建厦门港购买茶叶，同时也购买了部分氧化茶。氧化程度较绿茶稍高的部分氧化茶（以后逐渐发展为红

食盐釉化处理过的史塔福郡炻瓷茶壶，1750 年制造，茶壶表面还写有红茶最初的名字"Bohea"

茶）在经过远途运输到达英国后,茶叶品质更好的可能性很高,时间一长，英国人也越来越喜欢这种茶了。

但这也是过了很长时间以后的事情了。相比绿茶，氧化茶的进口量是在 1730 年左右才大幅度增加的。在当时还没有"红茶"的概念，于是人们将这种和绿茶不同的茶称为"Bohi"或是"Bohea"。因为这种茶主要生产在武夷山，因此它是根据"武夷"的英语发音命名的。可推测的是英国当时进口的"Bohea"相比今天的红茶，可能更接近乌龙茶[1]。这里的"Bohea"是指武夷山生产的黑色优质的茶叶。

就这样，名为"Bohea"的乌龙茶产量和出口量都有所增加。因为英国人更喜欢味道较为强烈和浓郁的茶，所以作为出口国的中国将茶的氧化程度提高了。另外，也有可能是，相比

---

[1] MARY LOU HEISS, ROBERT J HEISS. The story of tea[M]. Emeryville, CA: Ten Speed Press, 2007: 132.

绿茶，长时间的运输对氧化茶更有利。

拉普山小种和正山小种

不知是因为在某时发生了传说中的桐木村事件，还是因为桐木村生产茶的 4 至 5 月雨水较多，人们就用简便的方法萎凋，并且使用燃烧松枝产生的烟来干燥茶叶。这样用烟熏过的茶在加工完成后对外出口[①]。英国人特别喜欢这种茶，并认为这种茶是"Bohea"中的精品。

虽然有人认为这种烟熏茶是红茶以及明末清初武夷山一带最初的部分氧化茶的起源，但即使承认传说确实发生过，如果仔细追究其现实性的话，这种烟熏茶很有可能是当时武夷山已经生产出来的众多氧化茶中的一种[②]。可能只是由于烟熏茶有股独特的香味，因此格外讨人喜欢。

18 世纪 20 年代左右，英国已经开始进口一些较为高级的红茶[③]，如功夫茶、小种、白毫等。而"Bohea"则指一般的红茶。这里的"小种"既指产量较少的茶叶，也指被烟熏过的茶叶。因此，"小种"意为产于武夷山的烟熏茶，福建方言中又把"松树"发音为"拉普山"，二者相结合就产生了"拉普山小种"这个名字。[④]

---

① 虽然很久以前就开始生产了，但出口是在开放之后才开始的。

② MARY LOU HEISS ROBERT J HEISS. The story of tea [M]. Emeryville, CA: Ten Speed Press, 2007: 132.

③ 虽然还没有正式出现"红茶"这个词，但这种茶已明显和绿茶不同，随着它逐渐向红茶的方向发展，最终出现了我们现在使用的"红茶"这个词。Sseunoyama saga. 徐恩美译. 绿茶文化 红茶文化. 首尔：Yemoon, 2001: 60.

④ MARY LOU HEISS ROBERT J HEISS. The story of tea [M]. Emeryville, CA: Ten Speed Press, 2007.

随着带有独特松香味的拉普山小种越来越受欢迎，除武夷山以外的地区也相继开始生产拉普山小种（又称外山小种、烟小种）。为了区分武夷山生产的拉普山小种和其他地方生产的拉普山小种，人们将武夷山生产的拉普山小种称为正山小种。即最初拉普山小种是一种茶，但由于后来模仿生产的茶叶过多，为了与之区分，真正的拉普山小种改名为正山小种。

有些人认为红茶是在某个时期偶然出现的，相比之下，另一种说法则更有说服力。即红茶是乌龙茶的起源，它与绿茶不同，是一种部分氧化茶，在欧洲特别是在英国十分受欢迎，为了迎合不能生产茶叶的英国人的喜好，中国人又将其改良而生产出的茶。当然，英国人在19世纪60年代殖民印度时，为了使茶叶更加符合自己的口味，也开始制作新的英式红茶。而中国将这种部分氧化茶改进，发展成了今天品质卓越的乌龙茶。

今天的拉普山小种和正山小种

现在韩国主要进口欧洲茶叶公司生产的拉普山小种红茶和中国生产的正山小种红茶，这两种红茶的味和香十分不同。

拉普山小种在西方被称作柏油拉普山（tarry lapsang），因为漆黑的茶水色很容易让人联想到柏油（tar）。而这种茶的味道也是相当强烈的，香味好似正露丸，熟悉古典红茶的人可能在短时间内比较难接受这种特殊的茶。

与之相反，正山小种的味和香则更为柔和。这两种茶都是起源于武夷山桐木村，直到现在，桐木村也仍然在生产这两种茶。当然除武夷山外的其他地区，包括中国的台湾地区也生产拉普山小种。正山小种红茶也有很多是在除武夷山外的地区生产的。

这两种茶不但名字有所不同，而且味和香相差很大。上文也稍有提及，最初的拉普山小种红茶有一股隐隐的松香，需求量大、价格又高。但生产这种茶只能用长于武夷山的野生茶树的茶叶制作，茶叶必须在春天某个限定的时间段内采摘，种种原因都限制了供给。因此除武夷山之外的地区开始模仿制作拉普山小种，他们用松枝熏茶叶的时间也有所加长，于是发展成了今天味道浓重的拉普山小种，即柏油拉普山。

桐木村有一家名为元勋茶厂的公司。经营这家公司的江元勋代表[1] 说他们现在还在生产味道浓重的拉普山小种红茶和原来的拉普山小种，即现在的正山小种红茶。正山小种使用春天特别采摘的芽精心制成，这种芽都是从桐木村附近茶园中的茶树上采摘的。拉普山小种则是使用从周边其他地区采摘的生长较为成熟的茶叶制成的，茶叶会先在当地进行部分加工，最后再送到桐木村烟熏干燥。由于拉普山小种在熏制时吸收了许多烟，颜色就有些暗淡了。此外，还有一个差异是正山小种使用冷烟熏制，而拉普山小种则使用湿热的烟熏制。[2]

最初相同的烟熏茶，由于使用的茶叶和加工方法的不同，最终形成了味和香极为不同又各具特色的两种茶。正山小种产量少、价格高，因此想在在中国以外的地区买到这种茶是很困难的。西方销售的基本上都是拉普山小种。

---

① 江元勋代表是最早用拉普山小种制造出茶的先辈的后代。因为江元勋代表很有名，因此和他做采访的内容被好几本书引用过。

② MARY LOU HEISS ROBERT J HEISS. The story of tea [M]. Emeryville, CA: Ten Speed Press, 2007: 135.

啊！拉普山小种

因此，长久以来许多茶爱好者认为拉普山小种相比正山小种品质较差，或是认为拉普山小种是假的正山小种。虽然拉普山小种之间品质差距较大，但如果是精心制作的拉普山小种，品质也是十分优秀且独具魅力的。

进行人工加香处理的红茶被称为加味红茶。就像伯爵红茶是加味茶，人们却把它当作传统红茶一样，拉普山小种也是这样。英国传统茶叶公司——福特纳姆和玛森公司的畅销产品上附有"芳香茶"（aromatic tea）的字样，销售时却按照拉普山小种销售。不仅如此，另外一种畅销产品——"烟雾缭绕的格雷伯爵"（Smoky Earl Grey）将传统的佛手柑香味和拉普山小种红茶相融合，茶香独特，是根据英国皇室要求制成的。

除此之外，许多传统红茶公司将拉普山小种作为畅销产品，并与各种各样的招牌产品配合销售。虽然是因为模仿而

产生的茶叶，但拉普山小种已经成为世界红茶市场上不可或缺并自成体系的茶叶品种了。

另外，商人们在 2005 年将极其珍贵、购买困难的正山小种改良为金骏眉、银骏眉等最高等级的茶叶品种，升级后的高级茶叶价格也极其昂贵。但笔者是无法辨别出其有特别卓越的味道的。人们认为这是营销的手段，这种说法似乎更有说服力。

🫖 Tea Time: 正山小种诞生的线索

了解时代的政治经济背景，对学习红茶的历史是十分有帮助的，特别是要了解 17 世纪中国东南沿海的情况，以下将对此进行简单的说明。

1644 年明朝灭亡，清朝的历史正式开始。这前后的 50 年间和历代王朝更替时一样，充满了新旧政权的战争，局势十分混乱。

特别是明朝时的郑氏家族有着相当强的海上势力。他们从 17 世纪 20 年代起掌控了中国浙江、福建和广东省的沿海地带。为了阻止他们，清政府于 1656 年起颁布禁海令，禁止沿海地带船只运行。

1683 年清政府镇压了郑氏势力。1685 年，广州、厦门、宁波、上海、福建五个港口重新开放。但 1757 年，清政府又封闭了除广州以外的四个港口，之后很长一段时间内对外贸易都集中在了广东。清政府十分排斥基督教，于是采取这种方式切断人们与包含宣教士在内的所有外国人的接触。由于只开放广州口岸十分不便，西方国家持续向清政府提出开放其他口岸的要求。剩余的口岸在鸦片战争后全部重新对外开放。

在这样的历史背景下发生了以下事件：17 世纪欧洲国家将印度尼西亚等国家作为贸易基地时，并非欧洲人，而是中国人搭载着包含茶叶在内的商品前去交易；1689 年，英国人初次通过厦门口岸购买茶叶；驻扎在福建武夷山的清军，见证了正山小种的诞生。

那么接下来让我们一起来了解一下经历上述过程诞生的"Bohea"和红茶在地球另一端的英国是怎样成为一种文化的。

虽说红茶在欧洲"开花"的地方是英国，但其实早在茶传到欧洲的 100 多年前起葡萄牙就开始了亚洲航海冒险，荷兰继葡萄牙后也加入了航海大军。沿着这些国家开辟的航路，东方的茶就已经踏上了前往欧洲的路途。

3. 英国逐渐了解红茶

葡萄牙，开辟亚洲航路

瓦斯科·达·伽马（1469—1524）于 1497 年受葡萄牙国王曼努埃尔一世的派遣，从欧洲绕过非洲的好望角到达印度西海岸的卡利卡特（Calicut）（今科泽科德）。通过这条海路，欧洲和亚洲开始联系，这开启了世界一体化的进程，大航海时代也就此到来。

葡萄牙开辟前往印度的海路主要有两个目的：第一，为了获取黄金和香辛料，这两样东西在欧洲上层社会的需求量较大，而印度作为原产地自然是航海目的地的首选；第二，为

瓦斯科·达·伽马

了消灭曾经统治中东地区的奥斯曼土耳其帝国而前去寻找东方传说中的基督教王（祭司王约翰）。

欧洲上流社会为了展示自己的富有和权威，同时也为了满足自己的食欲，需要使用香辛料。当时的香辛料主要通过威尼斯的中转贸易而传入欧洲。但负责供给东方物品的地中海东部地区被奥斯曼土耳其帝国控制，商品供给不通畅，价格也越来越高。在这种情况下，教宗认为葡萄牙应该有自己的贸易，能够与奥斯曼土耳其帝国抗衡。

16世纪初期起，以葡萄牙人为首的欧洲人开始了以印度为中心的贸易活动，范围逐渐扩大到了东南亚和东北亚，并在中国和日本接触到了茶。

荷兰将红茶带入欧洲

沿着葡萄牙人开辟的航路，荷兰人来到了东亚的海上。1596年，荷兰在位于印度尼西亚爪哇岛的万丹省建立了贸易基地，还开设了开拓日本市场的贸易基地。在这期间，荷兰人逐渐对茶有了一定的了解。有说法称1606年茶第一次被引入欧洲，但历史上的记录显示第一个有关茶的事例是在1610年。

从1637年左右巨大的茶叶进口量可推测，当时在荷兰以上流社会为中心似乎已经开始饮茶。

初期，茶主要发挥的是医疗作用，在药店销售。1650年前后开始在食品店销售。直到17世纪70年代开始在贵族人士之间流行起来。

图为尼古拉斯于 18 世纪所作。当时荷兰人已习惯饮大量的茶。孟德斯鸠也曾在《荷兰纪行》中描述过自己曾因看到一位女人坐在位子上喝了足有 30 杯茶的场景而备感惊讶。

　　　　　　　　　　　　　　　第一部　红茶是何物

荷兰人十分喜欢炻瓷茶壶。图为 17 世纪一户人家精美的接待室（上）和
荷兰代尔夫特的彩色陶瓷上描绘的正在喝茶的夫人（下）。

英国逐渐了解红茶

茶初次进入英国的时间并不确定。1641 年，英国的酿造业者为了宣传啤酒热饮发表了一篇《关于暖和的啤酒的论文》（A Treatise on Warm Beer）。文中罗列出的所有热饮中并没有提到茶。

因此，研究者推测截至 1641 年，英国人还没有开始饮用茶。一个记录茶叶交易的人是伦敦商人托马斯·加威，在他 1657 年的记录中，有其以前在伦敦卖茶的记录。因此，茶是在 1641 年后的某个时候开始在英国被人们饮用的。

1658 年萨潭尼斯海德咖啡馆发布了英国第一则茶叶广告，广告中介绍茶叶是一种健康的饮料。但这仅仅说明这时茶叶已经被引进英国。因为茶叶是慢慢才被人们接受的，从当时的茶叶进口量和价格就可以知道。

茶通过荷兰被引入英国。直到 1660 年英国的茶叶进口量也不过 226 公斤。当时茶在英国是十分珍贵的奢侈品。英国东印度公司曾在 1666 年以非常高的价格卖给英国国王查理二世十公斤茶叶。

凯瑟琳·布拉甘萨

英国在克伦威尔去世后君主制复辟，查理二世上台。1662 年，查理二世迎娶了葡萄牙公主凯瑟琳·布拉甘萨（Catherine of Braganza）。这是由于当时的葡萄牙需要借助英国的军事力量，而在开辟亚洲上一直停滞不前的英国则需借助曾经在亚洲风光无限的葡萄牙的力量。从研究英国红茶的角度上看这件事情则另有意义。

凯瑟琳·布拉甘萨在嫁入英国时的陪嫁礼是印度孟买和

LADY NIGHTCAP AT BREAKFAST.

Printed for Carington Bowles, Map & Printseller, No 69 in St Pauls Church Yard London. Publish'd as the Act directs, 27 Feb. 1772.

图为 1772 年的海报。海报上写有"nightcap"的字样，并画有边喝茶边吃早餐的一位妇人，特别的是图中的茶是盛在碟子中饮用的。

凯瑟琳·布拉甘萨

　　　　　　　　　　第一部　红茶是何物

七艘装满糖的船，此外还带来了自己饮用的茶。在当时，糖还可以作为陪嫁礼，是非常有价值的。但考虑到后来红茶和糖的关系（参照第二十一章《红茶和糖》），二者之间可能存在某种必然的联系。

由于最先在亚洲发现茶的国家是葡萄牙，所以公主有可能长时间一直在饮用茶。另外，查理二世在克伦威尔统治期间一直在荷兰逃亡，也可能已经习惯饮茶。

凯瑟琳来英国之前，茶还没有被大多数人接受，最多也只是作为药品饮用。但自从宫廷中有王后开始饮用茶，贵族圈便开始逐渐了解茶，对饮茶也越来越关心了。

从凯瑟琳王后起，英国逐渐形成了饮茶的传统。但茶叶产量过少，以至于价格极其昂贵。1678 年约有 2 吨茶叶被运到伦敦，这在当时已是极其惊人的货量。

饮茶对市场的缓慢影响

在加威咖啡馆卖茶 30 余年后，也就是 1700 年左右，茶叶的进口量已经达到 9 吨。9 吨的话，其实也不过是我们在马路上看到的大卡车一车的量。但相比 30 年前，茶叶的进口量已经多了很多。

1721 年，正规的茶叶进口量为 453 吨。假设每杯茶会消耗 2 克茶叶，再除以当时的英国人口数，可计算出全英国每年每人平均饮用 32 杯茶。

虽然无法清楚地知道那时人们喝茶的情况，但假设当时英国人中有 20% 的人能消费得起茶，那么大约每个人两天都喝不到 1 杯。

70 年后的 1790 年，茶叶的进口量已增加到 7300 吨，还是以上述 20% 的人为基准的话，每天每人可以喝 4 杯茶。但这时饮茶人数量已有很大的增加。所以若以 50% 的人喝茶为基准的话，每人每天大约可以喝到 1.6 杯茶①。

和韩国喝咖啡的数量进行比较的话，每天 1.6 杯并不算多。在韩国，咖啡仍然是最受欢迎的饮料。

但在英国，红茶是佐餐的必需品，至少处在能够喝茶的阶层的人都这样做。但到了 18 世纪末左右，除了非常贫穷的人以外，几乎所有的英国人在吃饭时都要喝一杯茶。

可能大多数人之前已经听说过这一段历史，但笔者在这里详细说明的原因是为了强调从遥远的中国引进的商品在英国逐渐受欢迎的过程并不是理所当然的。如上所述，在引进茶叶 100 年以后，茶仍然是只有贵族才能消费得起的饮料。昂贵的价格是导致饮茶在英国流行较慢的主要原因。直到 1730 年以后，英国东印度公司才开始定期从亚洲进口茶叶。但即便如此，由于往返时间要两年以上，距离远、运费高、危险大，茶叶的价格仍然很高。

茶叶价格昂贵的另一原因是税收。政府规定的税收过高，已经达到阻碍茶叶消费的程度。根据政府的需求，税率也会有所变化。在发生战争政府需要钱时，就会追加税收。

1784 年，茶叶的税收从 119% 下降到了原来的十分之一——12%，茶叶的消费量急剧增加。但茶叶价格可以让所有英国人都能毫无负担地消费则是在 100 年后。在这个过程中还产生了"下午茶"文化。

---

① 当时的人喝的每杯茶的量和茶的浓度有可能和今天的情况有所不同。以上计算是以现在的平均标准——2 克茶叶，220 毫升水来计算的。

英国维多利亚和阿尔伯特博物馆展示的套装茶具。

由于巨额的茶叶税收等问题，最终爆发了波士顿倾茶事件。

位于伦敦利德贺街的东印度公司

因红茶产生的新习惯

19 世纪初，英国的贵族或上流阶层基本是在早上 10 点左右吃早餐。而一天最正式的一餐则在下午 3 点前后。"饭后茶"（After–dinner tea）则在晚上 7 点左右简单饮用。

所谓贵族的生活就是不受日常所迫，保持享受生活的节奏。不知大家是否和笔者一样有过这样的体验，中学的时候刚开始学习英语时很难区分"dinner"和"supper"。这样的单词其实是在以上的时代背景下出现的。即下午 3 点吃的正式的一餐叫作"dinner"，而之后和茶一起简单吃的一餐叫作"supper"。

但晚餐的时间逐渐推迟，到 1850 年左右已经推迟到 7 点 30 分到 8 点之间。在这种生活习惯缓慢的变化中，为填充早

图为 19 世纪描绘吃过晚餐后正在喝茶的英国夫人们的彩色版画。

图为 1710 年约翰·博尔斯在伦敦出版的版画。夫人们在喝茶闲聊的同时善良被操纵蛇的恶魔赶了出去。桌下，恶魔在一边听夫人们掺杂着各种丑闻的闲谈一边喝茶。

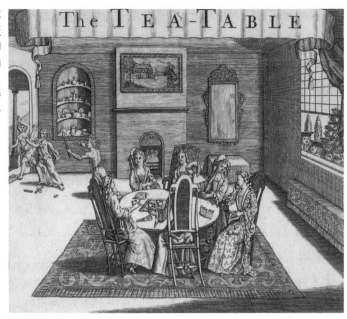

《茶园》(Tea garden)，乔治·莫兰德，版画，1970 年。在欢乐花园(pleasure garden) 一起喝茶的一家人。

餐和晚餐之间的空缺，又产生了"午餐"（luncheon）这个词。

在午餐和晚餐之间人们常常会饿，因此，产生了"下午茶"这一独具英国特色的喝茶形式。

下午茶和安娜·玛丽亚

现实中，我们是无法具体说明这种社会习惯是自何时因谁而开始的，但相关的一些传说却流传了下来。贝特福德七世公爵夫人安娜·玛丽亚（Anna Maria）为了消除午餐和晚餐之间的饥饿，让仆人拿一壶茶和一些点心到她房间。于是下午茶的习惯自此开始。

不管怎样，可以确定的是从19世纪30年代后期或19世纪40年代初期起，虽然喝下午茶的习惯只被限定在贵族阶层，但它已经开始作为一种社会活动存在了。也许是安娜让这一现象流行起来的。

下午茶在发展成为一种社会习惯的过程中，有过许多种名字。由于下午的点心简单、量少却又带着优雅，于是人们称其为"little tea"；另外一个名字是我们较为熟悉的，叫作"low tea"，这是由于喝下午茶的桌子和扶手椅都比较低；此外，"handed tea"这一名字的得来是由于家中的女主人在喝茶时会按顺序转杯；而被称为"kettledrum"可能是由于烧水的壶（kettle）是泡茶时的主要工具。

下午茶成为当时上流社会一种重要的私人聚会形式，在贵族的生日或婚礼等活动的大规模舞会上也会举行。在这样的环境下与下午茶相关的各种社会礼仪和规范也逐渐形成，甚至出现了女士们在宴会上穿的"茶裙"（tea gown）。

人们对精美的桌布和套装茶具的需求也逐渐增大，女主

安娜·玛丽亚夫妇

人们也都想成为下午茶专家。当时和茶一起搭配的蛋糕、薄面包加黄油、司康饼、玛芬和三明治等作为茶点延传至今。

　　十分喜爱茶的维多利亚女王也对下午茶的流行起到了一定的作用。从 1837 年到 1901 年，维多利亚女王在统治的 64 年间都十分喜欢喝茶，并从 1865 年起开始在白金汉宫举行下午茶接待活动。这里有一个关于茶的小插曲。在维多利亚成为女王前，她的家庭教师读了当时流行的 *Time* 并认为喝茶是不好的行为，于是禁止她喝茶。当时还是预备女王的她一直认真遵守这个规定。直到 1837 年即位后，她叹了一口气让仆人为她准备了最新的 *Time* 和茶，然后说道："现在我才觉得自己真正成为一名统治者了。"

　　在维多利亚女王统治的后期，即 19 世纪末，下午茶才得以在民众中流行，并且形成了以茶为中心的活动，大到贵族间华丽的聚会，小到村中邻居之间的互相拜访，形式多样。这时已经可以将茶看作是英国真正的国民饮料。这是由于从 1860 年前后英国用从印度和斯里兰卡进口的茶叶代替了从中国进口的茶叶，印度和斯里兰卡的茶叶的价格要比中国的茶叶低很多。

　　这样，各个阶层的人都开始享受饮茶的乐趣。在韩国，部分饮茶的人过于强调下午茶华丽的形式，相比享受饮茶，更注重喝茶的环境等，真让人感到惋惜。

伦敦利兹酒店的下午茶

如今英国的高级茶餐厅仍然有下午茶。伦敦高级酒店之一——利兹酒店内的下午茶餐厅人均消费达十万韩元（约合人民币556元），而且必须提前三个月预约才可进入，人气之高可以想象。茶餐厅环境十分优雅，不仅茶叶品质上乘、点心精致，服务员们也都十分干练和亲切，让顾客感到十分舒服。而且，酒店方面对前来喝茶的顾客还有一定的着装要求，各方面一直保持着高标准。因此顾客们在这里更能享受喝下午茶的乐趣，提前到的话，听着钢琴的演奏也是一种享受，从穿着优雅的绅士、淑女们或是老夫妇们的言谈举止和照相的样子中仿佛可以看到过去英国人喝下午茶的景象。

人们在利兹酒店茶餐厅享受下午茶

喜爱红茶的人如果有机会去英国的话，一定要去体验一次。但一定记着要提前三个月预约。

High Tea

与优雅的贵族们喝的下午茶（Afternoon Tea）相对，劳动人民及下层人民喝的下午茶则被称为"High Tea"。"High Tea"是何时、怎样开始的也不得而知，但必然是在以下两个条件下产生的：一是茶的价格下降到劳动人民可以负担的程度，二是劳动时代发生了产业革命，工厂开始规定上下班时间，人们的生活开始规律化。

上流人士一般在吃完午餐后，下午喝下午茶，到晚上再吃晚餐。而劳动人民没有下午茶时间，工人们只是在矿山或工

19世纪后期英国在殖民地——印度和斯里兰卡开辟了许多大规模的茶园，栽培了大量的茶叶，购买茶叶的价格也变得十分低廉。劳动者们可以毫无负担地喝茶就是在这个时期。

厂结束工作后肚子饿的时候，赶紧回到家饱餐一顿，再喝点茶，这才是他们真正需要的。"High Tea"也是因为他们厨房的桌椅较高而来，与喝下午茶的贵族们的较低的桌椅形成了对比。虽然工人们喝的茶品质不是特别好，但加了糖和牛奶的茶也可以帮助他们充饥，在心理上也可以自我安慰一下。

尽管下午茶源于贵族，但也逐渐扩散到了普通市民的生活中。"High Tea"虽然是劳动人民的晚餐，但总体来说，下午茶的文化已被社会各个阶层所接受。

"High Tea"最大的长处就是不被时间和场合拘束，可以自由地进行。从印度和斯里兰卡进口了和以前相比廉价很多的红茶，随着产业革命的进行和社会系统的改变，红茶也逐渐扩散开来。红茶之国的神话就是这样形成的。

第三章 根据加工方法对红茶进行分类

1. 传统方法和 CTC 及英式红茶的形成

英国从 17 世纪中后期起，大约 200 年间都是从中国进口红茶。直到 19 世纪 60 年代阿萨姆地区开始正式生产红茶，英国也因此迎来了新时代。在此过程中，从 1838 年第一次生产红茶到随后的 20 年间，英国经过各种反复试验，最终得到了新品种的红茶，即阿萨姆红茶。而红茶的制造过程也取得了一定的发展。

英国刚开始在阿萨姆生产红茶时，自然是沿袭中国的红茶加工方法。但按照该方法制出的红茶和在中国本地生产的红茶相比，无论在品质还是价格上都没有竞争力。

中国劳动力丰富，生产时根本不需要减少劳动力。这是由于中国的茶叶生产和供给系统是由数十万个家庭组成的，将每个家庭生产的茶聚到一起出口，本身就是一个很大的数量。而且每个过程基本上不需要花费费用。对于生产的茶农来说大部分情况下都会有盈利。

而阿萨姆地区的茶园是在开辟的密林中，不仅人烟稀少，自然环境和气候条件也和中国相差很多。除冬天 12 月到翌年 2 月，一年中剩余的其他时间都可以采叶。从平地上的茶园中采摘的茶叶量非常大，根本不可能像中国一样——用手揉捻，放在锅中炒干。而且如果像中国一样经过长时间萎凋，茶叶会因潮湿的气候而腐烂。

为了适应这种新环境，英国将中国生产茶叶的过程——改进，形成了新的加工过程。茶叶加工过程也基本定型为：采叶—萎凋—揉捻—氧化—干燥—分类[1]。直到今天仍然将这个过程看作传统的加工方法（orthodox method）[2]。

当然，这个过程也不是在一天之内就可以形成的。各个过程也开始利用机器代替人工劳动，为减少干燥所需时间，人们制作出了萎凋槽，并以揉捻机代替人工揉捻。名为"大不列颠"的揉捻机至今还在使用。

用揉捻机揉捻和人工揉捻不同，揉捻机可以更好地粉碎茶叶，揉捻出大小不同的茶叶。此后，泡茶的方法也开始产生变化。1871 年第一次引进的揉捻机在性能被不断改进的同时，也逐渐代替了阿萨姆的人工劳动力。有记录表明在 1913 年，约有 8000 台揉捻机代替了 160 万名劳动者。[3] 后来还引入了可以排除茶叶中的异物和大体上可以根据大小将茶叶分类的机器，大约减少了十分之一的劳动者。

---

[1] 各阶段具体的过程已在第一部第二章中进行过详细说明。该传统方法形成的背景在第二部第五章第一节中有介绍。

[2] 韩国很多书中都将 orthodox method 称为传统方法。依笔者之见，这种说法是正确的，本书也采用相同的说法。

[3] JOHN GRIFFITHS. Tea, A history of the drink that changed the word [M]. London: André Deutsch, 2011: 217–218.

1884 年英国人又引进了可向茶叶中注入热空气进行干燥的干燥机，代替了原来人工用锅在火上干燥茶叶。

加工过程的改进和用机器代替人工，再加上将茶园运营工厂化，最终英国将茶园转变为企业，不仅提高了产量，还降低了费用。在该过程中，英国研发出了与之前中国式的红茶完全不同的新品种——英国红茶。

CTC 加工方法的发明和意义

英国将之前中国式红茶的加工过程简化，继而又引进机器代替人工操作。这虽然为红茶的生产带来一些变化，但也仅仅是使用机器代替了手工。即制作红茶的方法和过程上虽然有一些改变，但基本过程是没有变化的。

20 世纪 30 年代初期，CTC 机器的发明让红茶基本的加工过程发生了变化。英国人威廉·迈克尔彻（William Mckercher）发明了 CTC 机器，这种机器可以将萎凋后的茶叶一次性压碎（crushing or cutting）、撕裂（tearing）和揉卷（curling）。将这三个步骤的英文单词的第一个字母相连则得到 "CTC"，这种加工茶叶的方法就叫作 CTC 加工法。正是这个机器为红茶的加工带来了革命性的变化。

CTC 加工法使生产者可以大量生产标准的红茶，而这是正在进行产业化的英国市场最需要的。传统的加工过程分为采叶、萎凋、揉捻、氧化、干燥、分类六个阶段，CTC 加工法则缩短了萎凋和氧化的时间，揉捻过程用 CTC 机器进行，进而大大缩短了生产茶叶所需的时间。刚开始 CTC 只用于加工茶叶，后来人们发现用该方法生产茶包也十分便利，于是现在也常常用来加工茶包。

在这场红茶生产的革命中会使茶叶的品质不可避免地有所损失。与高级茶叶的一枪二旗（采叶时只采摘一芽二叶）不同，改进后的采叶为粗采，范围扩大了许多，产量增加，价格也因此下降。如今，为了与用 CTC 加工方法加工的茶叶区分开来，人们将用传统方法将整叶和碎叶加工成的茶叶称为传统茶。

片茶（fanning）和末茶（dust）虽然在大小上和 CTC 红茶类似，但由于加工方法完全不同，所以也包含在传统茶内。即缩短萎凋时间会牺牲茶丰富的香味，经过 CTC 过程，茶叶被压碎、撕裂后几乎已成粉末状，没有必要再进行揉捻了。经过 CTC 粉碎的叶子成粉末状，不需要再空出时间进行氧化。茶叶在被粉碎后，在向干燥机转移的短时间内，就可以在传送带上完成氧化。

通过这种加工方法加工好的茶叶易泡、味道强烈。这种加工方法更适合生产形状细小的茶叶。加工过后的茶叶经过后续处理即可生产出大量的茶包。CTC 虽然会使茶叶品质下降，但其标准化的生产过程和生产效率却是传统方法不可比拟的。这就是时代发展的选择。

茶包

1908 年，美国人托马斯·苏利文（Thomas Sullivan）在无意间发明了茶包，但英国人却并未接受。在第二次世界大战以后，由于劳动力的不足和茶包的便利性，茶包逐渐流行起来。1960 年前后，茶包在英国的红茶消费中占到了 4% 左右。而今天，茶包在红茶的消费中超过了 95% 的比重，实现了大逆转。

各种各样的茶包。事实上，
为当今红茶消费做出最大贡
献的就是茶包

　　通常情况下，美国和欧洲其他国家的茶叶消费习惯和英
国没有什么不同。便利性对人类有着巨大的吸引力。随着文
明的发展，人们逐渐发明出洗衣机、清洁机一类的东西代替
人工劳动，即使以前认为不可能的东西，为了方便也被制造
出来了。

　　红茶和咖啡的消费量相比过去有了巨大的增加，原因就
是价格低廉和便利。人们在红茶的基础上发明了茶包和速溶
冰红茶，同理，在咖啡的基础上又发明了速溶咖啡和听装咖啡。

　　这种便利虽然会使饮品的品质在某种程度上有所下降，
但消费者却非常愿意选择这种便利。对于喝红茶来说，茶包就是一种便利的选择。茶包价格低、产量大，采用 CTC 加工法制成。（最近为了更好地饮用这些饮品，人们也在努力提高产品品质。咖啡方面，发明了胶囊咖啡机；红茶茶包也在改变茶包的材质和形态，茶包内的茶叶也会放碎叶或整叶。）

CTC 生产过程

那么现在我们一起来了解一下 CTC 的生产过程。虽然大体上一致，但不同地区在具体的加工方法上也存在一定的差异。就以笔者最近拜访的阿萨姆地区的工厂为例进行说明吧。和斯里兰卡或大吉岭雅致的茶园不同，阿萨姆的工厂确实就像工厂一样。最让人印象深刻的是萎凋室，工厂由两栋建筑物组成，其中一栋就是萎凋室。

简单说，那里的萎凋室就是由一两层每层各六个长 20 米、宽 2~3 米的大型集装搭建起来的。这种萎凋室由于四周均为

和斯里兰卡不同的萎凋槽，该萎凋槽位于其中的一栋建筑中

因修理而被分离的滚碾装置。茶叶就是经过这种装置而变成粉末的

封闭状态，因此效率很高，再配上大型的鼓风风扇，大大缩短了萎凋时间。工厂的经理说这里茶叶的萎凋时间大约为7至10个小时。而相比传统红茶的一般16至18个小时的萎凋时间要短很多。萎凋设施的生产能力强也是CTC生产的主要特征之一。

和传统红茶的加工方法不同，除萎凋外，CTC其他生产过程是不需要单独时间处理的。简单来说，萎凋茶叶的供给量就可以代表工厂的生产能力。另外一栋建筑中有一个巨大的桶，建筑内的一边被分为了两层。很容易让人联想到教堂的双层结构，教徒们可以一边听牧师讲话，一边做礼拜。

筛选

萎凋室空中悬挂着类似钢轨的移动装置，萎凋后的茶叶通过这种装置被运送到另一边的两层空间中进行筛选。在CTC处理过程中，茶叶被锋利的切削装置剪切，茶叶中有可能混有金属或茶叶枝干，因此要事先进行筛选。有时候工厂一边的CTC切削装置的刀刃损坏还需进行修理。

粉碎

经过筛选的茶叶被运送到一层的滚碾装置中。工作人员说，茶叶在进入CTC滚碾装置时还需将其粉碎得小一些。滚碾装置在压粉末状茶叶时，主要依靠两个大型的磙子。磙子是由十分重的不锈钢制成的，表面还刻有几何纹路用于粉碎茶叶。

将茶叶放入两个磙子间，磙子会快速地沿着相反方向旋转。其中一个磙子的旋转速度是另外一个的十倍。被粉碎过的茶叶可谓是完全成为粉末状了。

工厂内有三套这样的滚碾装置，茶叶经过第二套和第三套装置时，两个磙子之间的距离会越来越小。即茶叶在经过三次粉碎后会越变越小。各个工厂的滚碾装置是不同的，有些工厂会配置四五套这样的装置。

经过该加工过程的茶叶如果没有达到理想的水平，可以再进行一次。不管怎样，工厂中加工出来的茶叶都是细小的粉末状茶叶。这里的粉碎过程还可以被看作传统加工过程中的揉捻。茶叶经过切削装置的时间大约只有一至两分钟。

萎凋后的茶叶通过传送带被运送到工厂的 CTC 机器中

被运送的茶叶在第二层的装置被筛选后进入下方的 CTC 机器

经过几组滚碾装置加工后的碎茶叶进入旋转的圆桶中团成团。这张照片是在正在修理的工厂中拍摄的。从圆桶的末端可以看到另一端的双层结构。茶叶从第二层直线进入滚碾装置，最后被运送到圆桶内。

传送带以这种形式被连接起来

第一部　红茶是何物

揉卷

茶叶在被粉碎后进入的巨型圆桶直径约为两米，长约十米，属于鼓状金属容器。通过粉碎过程的粉末状茶叶在旋转的桶中逐渐聚集成为颗粒状茶叶。

制成的CTC红茶的茶叶大小多种多样。茶叶的大小便是由上述过程决定的。根据茶叶在旋转桶中的时间长短，最终形成大小和形状不同的茶叶颗粒。因此，如果只需要粉末状的茶叶的话，只需要旋转特别短的时间就可以了；但如果需要颗粒状的CTC红茶，则要相应地增加旋转时间。

在印度南部，人们在生产时将揉卷和氧化合并进行。即将CTC机器处理过的几乎成为粉末状的茶叶放入旋转的巨型圆桶中旋转60至90分钟。这时，向圆桶中注入新鲜的空气，使氧化环境达到最优状态，氧化的同时茶叶也被揉卷成为颗粒状。

氧化及干燥

但是像阿萨姆地区一样，只进行过揉卷的茶叶还需进行氧化。圆桶中的茶叶会被运往另一边的干燥室。该运输过程是十分缓慢的，传送带两边被遮挡住，好像一个无盖的箱子。茶叶通过传送带运送的过程就是氧化进行的过程，所需时间并不长，大约在半小时至一小时之间。之后茶叶被送到完全封闭的干燥机中，在干燥机内，茶叶也是在带上边运输边干燥的。

去除异物

紧接着是去除异物的过程。被揉卷成颗粒状的大小不一的茶叶逐渐被薄薄地平铺在传送带上。茶叶上方有几十台间距固定的小型旋转机器。这些机器表面是光滑的金属，因此

茶叶在圆桶中被揉卷为一定大小的颗粒，这些颗粒在依靠传送带运送的过程中就会发生氧化。左图为干燥机，右图为传送带。

在茶叶移动的过程中，杂质和异物都会被吸附和去除。

在斯里兰卡，生产碎叶红茶的工厂也使用这种方法。工厂加工时会震动运送茶叶的传送带，此方法和吸附异物的方法一起使用，可以最大限度地去除茶叶中的异物。

按照等级分类

最后一件让笔者印象深刻的事是茶叶的分类（sorting）。传统红茶生产工厂在分类时主要使用正方形的网，但这里分类使用的工具则是六张直径为 1 米、10 至 15 厘米厚的外形像 CD 的叠加网，每张网都有一个单独的出口。

经过干燥和去除异物后的茶叶会被运到这个分类装置当中。分类装置中每层网的大小各异，茶叶从上至下根据大小不同被分为不同的类别，然后从不同网的出口被送出。

通过分类装置的 CTC 茶叶形状多样。在旋转桶中旋转的时间和其他因素等使颗粒的大小不一。工厂负责人根据消费

经过干燥的茶叶通过照片左边的异物去除机后进入正面的分类机，根据大小的不同，茶叶被分为不同的类别。

者的爱好，有时还会在茶叶出厂时将大小不同的 CTC 颗粒进行混合。用于制作茶包的颗粒较小，用于制作拉茶（印度的国民茶）的 CTC 颗粒则较大。

　　CTC 加工的茶叶根据大小不同分为不同的类别。CTC 红茶颗粒小到如粉末一般，大到如药店里买的消化药一般。粉末状茶叶经过 CTC 机器进入旋转的圆桶可以变为一定大小的颗粒状茶叶。根据颗粒化的不同程度，颗粒的大小也不同。较大的 CTC 颗粒即使泡五分钟，形态也不会有太大的改变。如果用手指揉搓，茶叶才会慢慢散开。

CTC 红茶的特征

　　人们对 CTC 红茶的需求多种多样。印度需要的主要是家用茶叶，所以生产颗粒状的 CTC 红茶。若是给茶包用，则生

不同大小的 CTC 红茶颗粒

产末状 CTC 红茶。传统红茶在加工时，茶叶揉捻受损，细胞
液流出。而 CTC 加工时几乎将茶叶完全粉碎，因此便不用再
加工使细胞液流出了，同时也不再需要揉捻了。另外这种方
式氧化所需的时间特别短，所以茶叶味道十分生涩强烈。

　　喝 CTC 红茶时，你无法像喝整叶红茶一样感受到味道的
微妙变化。CTC 红茶没有什么香气，味道也没什么特征，但
它却为茶叶加工者带来巨大的市场。生产茶包、混合型商品、
冰红茶、速溶红茶等散装产品时就需要使用 CTC 红茶。当今
社会，人们追求商品生产的高效率和统一的品质。因此，除
部分高级茶叶外，大部分现代化、机械化生产的红茶都采用
CTC 的加工法。

当今的 CTC 加工法

　　印度的阿萨姆和尼尔吉里、肯尼亚、越南、印度尼西亚

等红茶生产地大部分都采用CTC加工方法生产红茶。今天，全世界90%以上的红茶是CTC红茶。但即便如此，世界上知名的红茶公司很少生产CTC红茶。福特纳姆和玛森公司生产的爱尔兰早茶（Irish Breakfast）算是少有的知名CTC红茶，但相对其他CTC红茶来说，爱尔兰早茶品质较高，而且常加入牛奶一起饮用。

CTC红茶的消费占全世界红茶消费的90%，其中主要产品为茶包。对于我们来说，其实已经非常熟悉CTC红茶了。

在韩国，除茶包外，几乎没有人单纯喝CTC红茶。喜欢奶茶的消费者常常使用CTC红茶与牛奶相配。CTC是现代红茶最重要的加工方法，多对其进行了解有助于我们从全局上了解红茶。

2. 加味茶

许多人刚开始喝红茶时，是受到各种香甜气味的诱惑，如茉莉花香、玫瑰花香、巧克力香、肉桂香；也有人是被各种异国风情的名字所吸引，如赫伦太妃（Herren Toffee）、爱尔兰麦芽（Irish Malt）、马可波罗（Marcopolo）、法式蓝伯爵（Earl Grey French Blue）等。

这样看来，加味茶的功劳是非常大的。因为它让初次喝红茶的人不再对红茶的味道抱有偏见，人们在先熟悉了加味茶的情况下，逐渐开始对红茶原有的味和香感兴趣。

在我们熟知的六大类茶之外，还有一种茶叫作加味茶。加味茶将花或水果香料加入茶叶中，是一种完全不同的茶。虽然加味茶不在标准分类当中，但它却有着悠久的历史，并且和六大类茶一样吸引着我们。

　　和传统茶一样，加味茶中受到人们肯定的主要有茉莉花茶和伯爵茶。对这两种茶历史上也有较高的评价。无论是过去还是现在，中国人最喜欢的、使用最多的就是茉莉花香。一般情况下，加味茶的香和味要保持一定的平衡。但人们常常在品质不好的茶中过度加香，因此也有一些人不喜欢茉莉花茶。中国餐馆和饭店提供的茉莉花茶一般都不是高级茉莉花茶，或者可以说不是茉莉花茶，很有可能是添加了茉莉花香的绿茶或红茶。现在让我们一起来了解一下茉莉花茶吧！

茉莉花茶

　　茉莉花茶用茉莉花为茶叶加香，产于福建北部地区，自明朝起就受到历代皇帝的喜爱。高级的茉莉花茶不仅茶叶珍贵，就连加香的茉莉花都是比较特别的茉莉花品种。

珍珠茉莉花茶，外形像珍珠，属于高级茶叶，是茶之王，茶胚为绿茶。

各种各样的茉莉花茶。玛利阿奇兄弟的 Mandarin 以白茶为茶胚，罗纳菲特（Ronnefeldt）的 Fine Jasmine Tea 和福特纳姆和玛森的 Jasmine 都是以绿茶为茶胚。

　　为了制作顶级的茉莉花茶，光是茶叶本身就需要单独加工准备，这里的茶叶不是绿茶、红茶和白茶，它不属于任何一类。这种茶只是单独为制作茉莉花茶而进行部分加工的茶叶。

　　这样做是为了让茶叶更容易吸收茉莉花的花香，并且在泡茶时让茶散发出更香甜的味道，口感也更为柔和。这样部分加工过的茶被称作茶胚，与绿茶相似。制作顶级茉莉花茶时，人们会在早春采摘茶叶进行初次加工然后保管起来，直到夏天茉莉花开时再拿出来。

　　只进行了初次加工的茶在茉莉花开时，会与适合的茉莉花相混合并吸收茉莉花的香气。该过程叫作窨花。

　　窨花过程简单来说就是在室内将茶叶和花瓣混合，堆成小堆。茶叶和花瓣堆积生热，使花瓣中的香气释放出来并被茶叶吸收。这个过程大约需要 12 个小时。期间也会将茶堆散开一次。

12 个小时后，工人将花瓣挑出，把茶叶静置一段时间后，再将茶叶与新鲜的花瓣混合。反复操作。根据所需茶叶的香度来确定重复的次数。虽然一般来说，重复次数越多茶叶等级越高，但一般重复七至八次就可以了。

制作顶级的茉莉花茶有时需要花费一个月左右的时间。而美国或欧洲国家餐厅内使用的普通的茉莉花茶的茶胚一般为夏天采摘的品质较低的茶叶，窨香也只重复一两遍。

上述说明较为简单，但实际生产茉莉花茶时过程要复杂得多，调和茉莉花茶的味和香也需要许多经验和技术。另外，也有一些茉莉花茶不用半加工的茶胚，而将加工好的绿茶或乌龙茶作为茶胚加工，但这种茶胚不易吸收茶香，茶叶含香的时间也较短。

有名的高级茉莉花茶也有很多采用品质一般的茶叶或已经加工好了的茶叶作为茶胚，然后使用传统方法进行加工。

如今我们到处可见的茉莉花茶很有可能是在加工好的红茶、绿茶、乌龙茶、白茶等上喷洒茉莉花的浓缩汁液和人工香料而制成的。准确地说这种茶并不是茉莉花茶，而是添加了茉莉花香味的红茶、绿茶、乌龙茶。

传统的茉莉花茶不仅很难购买得到，而且价格也十分昂贵。

许多茉莉花茶是以加工好的茶作为茶胚，并通过传统方法制成的。比较不同茶胚制成的茉莉花茶的香和味的区别也是一件快乐的事。

格雷伯爵茶

只要是对红茶稍有了解的人都会知道格雷伯爵红茶。就

各个公司生产的格雷伯爵红茶

连红茶种类较少的韩国^①也会销售格雷伯爵红茶。格雷伯爵红茶同时又以加味茶为人们所知，它和阿萨姆红茶、斯里兰卡红茶、大吉岭红茶一样被列为经典红茶之一。它的优势在于即使是初次喝茶的人也比较容易接受这种微酸的佛手柑味。多样的红茶茶胚和不同用量和品质的佛手柑使得格雷伯爵红茶的种类也十分丰富、魅力十足。不仅如此，还有有关格雷伯爵红茶的传说呢。

　　该品牌是由英国著名的茶叶公司川宁创立的，名字来源于时任英国首相的格雷伯爵二世。美国独立战争时期，英国将军格雷立下大功被国王乔治三世封为伯爵，他的儿子格雷

---

① 韩国的商店中很少陈列红茶，但通过网络还是可以购买到各种各样的红茶的。

伯爵二世后来成为了英国首相。他在任时有位中国官吏将一份加味茶作为礼物送给了他，品尝后他十分满意，于是命令川宁公司进行仿制。

奇怪的是，佛手柑产于意大利，当时中国并没有用佛手柑加香的茶。虽然不知道事实怎样，但这个说法很有可能只是为营销而虚构出来的。

佛手柑是产于意大利的一种蜜柑，外形上和西方的梨相似。佛手柑的商业价值在于它的果皮含有丰富的佛手柑油。

几乎所有的茶叶公司都拥有自己的格雷伯爵产品，而且都有独特的配方。茶胚不同，最终制成的茶叶的味和香也不同。例如，茶胚可以是单一地区生产的红茶，也可以是混合红茶。如果是单一地区的红茶，又可分为不同国家和地区的红茶；如果是混合红茶，不同茶叶混合成的茶胚之间也有所不同。佛手柑油是天然油还是合成油，使用的量是多是少——根据不同的因素，茶叶的口味可以非常丰富。

现在也有一些新的格雷伯爵茶出现，有以拉普山小种为茶胚的烟熏伯爵茶，也有加入用薰衣草和矢车菊加香的格雷伯爵茶。此外，除红茶外，绿茶、乌龙茶也可以做茶胚。甚至还有低咖啡因的格雷伯爵茶。

法国玛利阿奇兄弟公司销售的格雷伯爵红茶种类丰富，约有 15 种。

以云南茶叶为茶胚的王者伯爵茶（Roi des Earl Grey），日本的格雷伯爵煎茶（Earl Grey Sencha），以普洱茶为茶胚的格雷伯爵普洱茶（Earl Grey Puer），特别是以大吉岭春茶为茶胚的皇家伯爵茶（Earl Grey Imperial）获得了巨大的成功，格雷伯爵茶的种类正在迅速增多。

现代的加味茶

　　玛利阿奇兄弟不仅有种类丰富的格雷伯爵茶，还生产各种各样的其他茶叶，种类达 600 多种，它是现有加味茶种类最多的公司。

　　不知是否是因为玛利阿奇兄弟触发了市场竞争，相比英国，法国茶叶公司的茶叶种类更为丰富，生产出的许多优质的加味茶也销售给世界各国的茶叶爱好者。在馥颂（Fauchon）、Hediard、Nina's、Kusmi Tea 销售的很多加味茶不仅香味怡人，名字也十分吸引人。

　　不仅是在法国，世界各国的红茶都有自己品牌的加味茶。德国罗纳菲特（Ronnefeldt）和新加坡 TWG 的加味茶尤为出名。

　　加味茶让我们品尝到了多种多样的香味，也让许多人一改对红茶口味的看法，进而让人们想去了解红茶真正的味道，对人们了解红茶来说是一个不错的开端。

从玛德琳广场到蓬皮杜艺术中心路上的 Kusmi Tea 商店

新加坡滨海金沙购物中心的 TWG 商店

3. 凉茶

传统上茶被分为六大类，即绿茶、红茶、青茶（乌龙茶）、黄茶、白茶、黑茶（普洱茶）。以这些茶为原料的加味茶可以划为第七类茶。那么我们常见的甘菊茶、薄荷茶等凉茶属于哪一类呢？红枣茶、人参茶、薏米茶、生姜茶等韩国特有的茶又属于哪一类呢？

笔者有时候也会问自己，只要喝得愉悦并对身体有益不就可以了吗？为什么必须要知道这些分类？但转念一想，了解以后还是会有一些帮助，于是还是将茶叶进行了分类。

严谨地说，茶是由名为 Camellia Sinensis 的茶树的芽或叶制成，属于六大类的茶都是这样的。

除此之外的凉茶、红枣茶、薏米茶等在英语中被叫作

tisane 或 infusion，中文中将这种茶归为代用茶。加味茶由于茶胚为茶，所以被划分为茶类。

从饮品的多样性的层面上来考虑，研制新的代用茶是值得鼓励的事情。可以将现实中可以食用的植物制作成凉茶，即代用茶。除甘菊、薄荷外，还有一些代用茶是用木槿果、蔷薇果、薰衣草果实等浆果制成。这些代用茶对人体健康都有各自的益处。由于代用茶基本不含咖啡因，所以对想减少咖啡因的摄取量的人来说是一个很好的选择。

但是要注意的是，虽说这用代用茶有其自身的优点，但和绿茶或红茶一样，这些优点都没经过证实，而且不是对所有人都有益。有时候这些代用茶的原料会引起过敏。因此这些知识一定要谨记在心，在选择代用茶时选择有利于自己身体健康的品种。

路易波士茶（Rooibos）和耶巴马黛茶（Yerba Mate）在韩国乃至全世界都受到了很大的欢迎，下面就让我们来详细了解一下这两种茶。

路易波士茶

路易波士茶用生长于南非的路易波士（草本植物）的针状叶和枝干加工并氧化制成，距今已有 300 多年的历史。一般的路易波士茶口感微甜，水色为红色，十分清亮。但由于加工方法不同，其味道也会产生很大的差异。

直到 20 世纪 60 年代后期，路易波士才开始被外界所知，据说这种茶不仅有益健康，而且还有镇静的功效，同时含有丰富的抗氧化成分。此外，路易波士可以和覆盆子、木槿、香草混合。

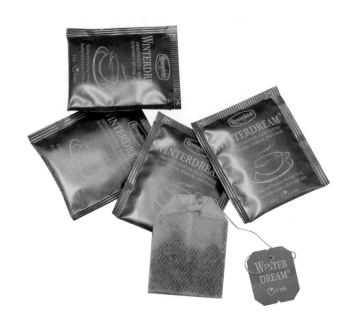

　　饮用红茶的韩国人最为了解的应该是罗纳菲特公司的"冬之梦"（Winter Dream），它以路易波士为原料，混合了橘香和肉桂、丁香，香味清新怡人、水色明澈。

耶巴马黛茶

　　耶巴马黛茶是用巴拉圭冬青树的叶子制成的，巴拉圭冬青树生长于南美，属常绿冬青科。耶巴马黛茶又被称为南美的绿茶。自 15 世纪起，阿根廷、巴拉圭、乌拉圭等国家的土著居民就开始将其作为一种饮料饮用。耶巴马黛茶不仅在外形和制作方法上与绿茶相似，传播度方面也如绿茶一般。

　　马黛茶和路易波士茶的作用正好相反，虽然马黛茶也可以使人头脑清醒，但如果用它消除疲劳，会带来口渴和饥饿的感觉。马黛茶味道略微强烈、不苦不涩、口感清爽。一般人认为这种茶中使人头脑清醒的成分是咖啡因。有关这一点也存在不少争论，也有许多有关这种成分究竟是咖啡因还是具有咖啡因性质的其他物质的研究正在进行。

Tea Time: 摩洛哥薄荷茶——北非的浪漫

年轻人可能对电影《卡萨布兰卡》不太熟悉，这部电影是以第二次世界大战为背景，由世界著名演员英格丽·褒曼和亨弗莱·鲍嘉主演，电影中的卡萨布兰卡就在摩洛哥。卡萨布兰卡是濒临大西洋的一个港口城市。摩洛哥位于沟通地中海与大西洋的直布罗陀海峡附近，北隔直布罗陀海峡与西班牙相望。

上世纪七八十年代的歌手中，还曾有一位唱过一首名为《卡萨布兰卡》的歌曲。让我们一起来了解一下散发着摩洛哥浪漫的摩洛哥薄荷茶（Moroccan Mint）吧！

摩洛哥薄荷茶是由添加了薄荷的绿茶制成的，用生长于非洲地中海地区的薄荷制成的薄荷茶从很久以前就作为摩洛

摩洛哥薄荷茶

哥传统茶被人们饮用。但这种薄荷茶与绿茶之间的历史并没有我们所想的那么长。人们大都是由开创近代护理事业的南丁格尔才了解到发生在 19 世纪中期的克里米亚战争，但人们不太清楚的是，战争结束后，英国失去了俄国的茶叶市场，不能再向俄国销售茶叶。这时英国开辟摩洛哥作为新市场。由于绿茶可以很好地中和薄荷茶的味道，所以绿茶在摩洛哥受到了极大的欢迎。相比红茶，他们更喜欢绿茶的原因是绿茶的颜色和薄荷很相似。而绿茶中，他们更喜欢珠茶。

薄荷和绿茶看似偶然的相遇，最终演变成了充满浪漫的摩洛哥薄荷茶。大家有可能见过涂有蓝色、紫色、绿色或红色的小玻璃杯上镶有优美的金色纹样或金边。另外，用长嘴茶壶从高处向玻璃杯中倒入茶水的技艺也十分独特，用这种方法倒茶不仅可以使茶水变得稍凉一些，还可以产生少量泡沫，喝起来也更美味。

摩洛哥人在喝这种茶时会加糖。作为摩洛哥的国民饮料，薄荷茶在当地随处可见，男女老少也都十分喜欢。当然也会有人喜欢向红茶中加薄荷。

干燥后的茶叶中混合着深绿色的松散的圆形绿茶叶片和亮绿色的薄荷碎片，但一般是叶片较大的绿茶较为明显，而薄荷碎片则不太容易被观察到。

摩洛哥薄荷茶水色鲜亮，呈琥珀色。茶水散发着淡淡的薄荷香味，口感有一丝丝涩，如果像摩洛哥人一样加糖饮用，便可以马上感受到柔和、香甜的味道。

前面多次提到卡萨布兰卡的原因是法国老店玛利阿奇兄弟销售的一种茶的名字就叫"卡萨布兰卡"。这种茶制作的灵感便来自摩洛哥薄荷茶。卡萨布兰卡于1986年开始出售，是玛利阿奇兄弟的代表茶叶之一。它在绿茶和薄荷的基础上又加入了红茶和佛手柑，是一种加味茶。卡萨布兰卡就像加了糖的摩洛哥薄荷茶，香甜的薄荷味十分浓郁。茶叶中混合了亮色球形绿茶、颜色较深的红茶和薄荷碎叶，各种颜色相互交融，与摩洛哥薄荷茶相比颜色较深，也更为丰富。

茶叶泡开后可以看到大片的绿色绿茶茶叶和深褐色的红茶茶叶，虽然亮绿色的薄荷叶小，但还是可以看到的。卡萨布兰卡将红茶成熟的味道和绿茶清新的香味调和，还有如放了糖一样的甜甜的薄荷香味。中和了薄荷强烈的味道，而甜味更加浓郁的原因大概就是因为添加了佛手柑。

无论是摩洛哥薄荷茶，还是改良后的卡萨布兰卡都有独特的魅力。但在饮用时可以明显地感觉到两种茶之间的差异，一种为野生美，另一种则为纯熟美。人们会根据自己的喜好或当天的氛围选择不同的茶来饮用。

最近出售茶的咖啡馆也在逐渐增多。将这种非主流的茶添加到茶单中会让人感觉到一丝异域风情。摩洛哥薄荷茶、卡萨布兰卡……不管怎样，因为它们，茶的世界才更加美丽。

笔者还有一个关于摩洛哥薄荷的

MOMO 咖啡店室景

体验，从伦敦中心皮卡迪利广场延伸开来的许多街道中有一条摄政街。摄政街作为一条购物街，与牛津广场地铁站相连，古典气息十分浓郁。这条街的后巷里聚集了很多咖啡馆和餐馆，笔者曾在一家名为"MOMO"的摩洛哥式咖啡馆喝过一次薄荷茶。

一般薄荷茶没有摩洛哥薄荷茶细腻，但那天笔者喝到的薄荷茶味道一点都不生涩，加糖后可以感受到一股浓浓的异域风情。

有可能是因为笔者沉醉在了咖啡馆昏暗的氛围中，几十盏华丽的灯展现了异域风采，加之坐在外面的客人吸烟的样子，种种环境因素叠加，使人觉得薄荷茶更为柔和。

第二部

寻找产地

第四章
为什么生产地很重要

1. 品种和环境

　　大吉岭红茶、阿萨姆红茶、乌瓦红茶、努瓦拉埃利亚茶、祁门红茶等单品红茶各自都有独特的味和香。除此之外，生产地不同，红茶的种类也不同，味和香也都有其固有的特征。那么，这些多样的味和香到底源于哪里呢？

上面提及的红茶都是以其生产地命名的。这便为人们提供了一个提示，即这些茶叶的生产地是不同的。

像这种因产地而产生的差异和特征被称作"风土"（terroir）。

风土原指在葡萄生长时，地理因素、气候因素、葡萄栽培法等影响红酒味和香的因素总和。现在，风土也用于其他农产品。也包括土壤条件、降水量、光照条件、风力、灌溉、排水等。风土源于法语中的土壤——terre。欧洲人认为，由于各自的风土不同，即使是相同的品种，它们的味和香也会有所不同。广义的风土还包括各个地区不同的栽培方法和加工方法。

也就是说，现代意义上的风土并不单纯指茶树生长的场所，还包括该地区生产者所拥有的技术以及可以对红茶的味和香造成影响的一切因素。

处于高山地带的大吉岭（左图）和处于平原地带的阿萨姆（右图）风土不同，适合生长的茶树品种也不同。

茶树的品种会加大风土带来的影响。全世界的茶园中栽培着以茶树（Camellia sinensis）下属的三个品种为基础进行自然杂交和人工栽培的茶树。

不同的地区要选择适合该地区风土的茶树品种。无论是什么地方，风土对当地种植的茶树都会造成影响，只有种植真正适合当地风土的茶树才能产出品质卓越的茶叶。

虽说一位优秀的棒球教练（代指风土）可以将任何一支球队（茶树品种）训练得比其他教练优秀。但如果球队是和自己十分有默契的一支，他们一起努力便会获得更好的成果。一种茶树要遇上能将自己的特质发挥出来的风土才能成为红茶名品。

试想，如果大吉岭地区种植的茶树品种是祁门红茶，还能得到我们今天喜欢的大吉岭红茶的味和香吗？或是在祁门地区种植大吉岭红茶品种，又能得到众所周知的祁门红茶的味和香吗？因此要将茶树栽种在合适的地区才是最重要的。

这在红酒酿造过程中也十分重要。就像法国波尔多地区的赤霞珠、梅鹿辄和勃艮第地区的黑皮诺葡萄酒根据产地和品种的不同，价格差异也很大。因此法国等主要红酒生产国都会对红酒的生产地和品种进行详细标注。像大吉岭这样进行少量生产、红茶价格又相对较为昂贵的红茶生产地也应该有类似的标注，但目前还没有像红酒那么严格的标注。

新的尝试

2012 年笔者在斯里兰卡的时候曾到访过科伦坡的一家百货店里的茶叶商店。当时看到货架上陈列的绿茶所占的比率，让人十分吃惊。被称作"红茶之国"的斯里兰卡的商店中出售的几乎都是绿茶。2013年春天，笔者又去了大吉岭当地一家有名的茶叶商店。在那里，绿茶的比率也占到了约40%。不仅如此，笔者在拜访马凯巴里茶园时，他们也向笔者极力推荐白茶——Silver Tea。

由于除红茶外的其他茶叶需求量增加，斯里兰卡、大吉岭等主要红茶生产地也开始生产绿茶、乌龙茶和白茶等。虽然也有像大吉岭和斯里兰卡一样生产白茶取得成功的例子，但大吉岭和斯里兰卡生产的绿茶和乌龙茶的品质仍不及中国和日本的。

这就是因为受到前一部分提到的风土的影响。当然，随着产业的发展，大吉岭生产的乌龙茶也有可能和中国台湾的乌龙茶品质不相上下，斯里兰卡生产的绿茶也有可能和中国的绿茶品质相当。但即使那样，在大吉岭风土下生产出的乌

科伦坡的一家百货店内的茶叶店，斯里兰卡虽然被称作"红茶之国"，但销售的绿茶量却占了很大的比重。

在大吉岭马凯巴里茶园品茶前的准备，茶园似乎是想宣传自己开发的新产品，因此向笔者提供了乌龙茶、绿茶和白茶。

龙茶也绝不可能成为阿里山风土作用下产出的乌龙茶。但笔者并不是说大吉岭的茶叶不可能超过阿里山的茶叶，而是说在大吉岭风土的作用下有可能出现具有其他特征的乌龙茶。

直到现在，仍然有众多的茶叶生产者不懈地致力于开发新品种。也许有一天，生产者们会开发出最适合大吉岭风土的乌龙茶品种和最适合斯里兰卡风土的绿茶品种。如果那样的话，即使要花费较长的时间，只要能取得加工方法上的进步，我们就可以品尝到品种完全不同的茶了。但目前这个目标的实现还较为遥远。

将生产地作为判断红茶品质的标准之一的第一人便是托马斯·立顿（Thomas Lipton）。为了保证茶叶的品质，同时也为了提高顾客的忠实度，他将斯里兰卡看作自己的茶园进行了宣传，将宣传风土作为其营销手段之一。如今，在评价一个地区生产的食品时，风土成为了评价的重要指标之一，人们也大体接受了这种方式。也因此，立顿的后代至今仍然将红茶及产地风土相联系，进行营销。

大吉岭红茶每年的销售量是大吉岭生产红茶量的四至六倍。这便可以证明利用大吉岭风土作为宣传营销要素的生产者仍然很多。

不管怎样，红茶产地的土壤和空气，还有加工的技术都浓缩在笔者饮用的红茶之中。而在品尝大吉岭红茶时，笔者似乎还能感受到被白雪覆盖的干城章嘉峰，以及包含干城章嘉峰在内的喜马拉雅山脉的一切。真是一种神奇的感觉。

2. 单品茶和混合茶

太久远的时代已不必再提。很明显，相比 20 世纪初，今天我们所饮用的红茶更为多样和优质。

在过去的 30 余年间，红茶在品种多样性和品质方面取得了耀人的成果。在此期间还开发了新的茶树品种，茶的加工技术也有了很大提高。另外，由于运输方式和运输速度的进步，茶园向消费者提供茶叶的时间也大大缩短，同时，茶叶保存技术也取得了较大的发展。

选择红茶，并不仅仅是根据个人的喜好，还要根据饮茶的场所、时间、一起饮茶的人、饮茶的氛围、天气、茶壶，甚至包括当时使用的茶具的不同来选择。当然这是没有确切规定的，只是饮茶之人自己的选择而已。但如果长期饮用红茶的话，会很自然地挑选出合适的茶叶。通常早上会喝味道较重的红茶来提神醒脑，下午喝较为柔和的红茶，下雨时喝祁红或拉普山小种红茶。当然这只是饮用者通过自身学习和总结得出的结论。但是就像美好的记忆可以丰富人生一样，根据不同情况，饮用不同的红茶也是件很幸福的事。

许多茶叶公司会通过茶叶的名字勾起人们的幻想。那些名字光听着就会让人觉得爱意浓浓、温情浪漫。例如，圣诞茶、皇家婚礼（Wedding Imperial）、马可波罗、赫伦太妃等。另外，喝茶时如果选择历史悠久的茶叶公司的畅销混合红茶一般也不会太不满意。畅销茶代表了该公司红茶品质恒定。

如果再深入了解的话，还有一种茶叫茶园茶。茶园茶相比混合红茶，更容易让人感觉到在风土作用下产生的独特的味道。有时候，独特比稳妥更吸引人。让我们一起来了解一下处在不同层面的红茶吧！

单一产地茶（单品茶）（Single-Origin Tea）

红茶的多样性主要源于茶树品种和栽培地区，即从产地起就开始有所不同了。其中我们常见的世界三大红茶：印度的大吉岭红茶、斯里兰卡的乌瓦茶和中国的祁门红茶都是以产地命名的。像这种只使用同一生产地的茶叶制造出的茶被称为单一产地茶。

久负盛名的茶叶生产地主要有：印度的阿萨姆、大吉岭、尼尔吉里，中国的安徽祁门和云南省，斯里兰卡的努瓦拉埃利亚、乌瓦、汀布拉等。单品茶由于有着和其他国家或地区不同的独特的味和香，受到了大众的喜爱。

这种茶又被称作纯红茶（Straight Tea），而在纯红茶中加入牛奶、香辛料、水果等制成的茶叫作改良茶（Variation Tea）。如果只通过品尝来区分这两种茶的话，很容易弄混。

同一生产地生产的红茶中，产于同一茶园的茶叫作单一

著名的大吉岭茶园：玛格丽特的希望、卡斯尔顿、涯缇

卡斯尔顿茶园和茶厂

茶园茶（Single Estate Tea，Single Estate Garden Tea）。这种带有茶园名字的红茶一般都是该茶园品质最好的茶，因此价格较为昂贵，但也物有所值。

受到特定地区风土的影响，茶园茶具有可以感受到高级红茶的味和香的特点作用。但随着气候、风力、湿度、栽种方法、采叶方式、加工技术的变化，即使是同一茶园生产的茶叶，其味和香也会有所不同。这可以看作茶园茶的一个缺点，也可看作茶园茶的魅力。

有名的茶园不仅会根据茶叶的味和香进行分类，还会将茶叶分为不同的等级进行销售。各大著名的红茶公司每年也会通过茶园供给的优质茶来满足消费者的需求。

不仅如此，他们还会寻找那些还没有曝光的新茶园。阅读有名的茶叶公司出版的书或进入相关网站时，你就会看到一些写着如在某地区发现了新茶园，并独家供给该公司的宣传文章。如果你开始沉浸在茶园茶的魅力之中，那就意味着红茶茶叶店也将更加拥挤。

斯里兰卡的茶园：佩德罗、萨默赛特、凯尼尔沃思

混合茶（Blended Tea）

混合茶是经不同国家和地区的茶进行调配而成英式早茶、爱尔兰式早茶和下午茶都是极具代表性的混合茶。

混合红茶的核心是具有竞争力的价格和统一的味和香。开发混合茶的人希望消费者可以认定一个特定公司的特定品牌茶叶。为了保持茶叶味道的统一，他们会混合 10 至 30 个国家或地区生产的茶叶。为了防止一些不可控制因素影响生产，公司一般会寻找多个茶叶供给地。因此，很多茶叶外包装上没有标清楚生产地。

虽然随着情况变化，茶叶的生产地也会有所变化，但最终对茶叶的味道几乎不会产生影响，这也是混合茶的核心竞争力和长处之一。

笔者为初次接触红茶的人推荐混合红茶。伴随着新产品不断上市，有些产品被保留下来，有些产品则已消失。一些有名的红茶公司保留有长达 100 多年历史的混合红茶，这种红茶则可称得上是历经时间考验的名茶。混合为了使茶的味、香满足消费者的口味，各种茶叶的配比会非常适合，让味道更均衡。

笔者每天都会喝的茶一般都是混合茶。因为混合茶无论什么时候喝都会让人觉得很舒服，价格也较为低廉。事实上，如今在红茶之国英国，大部分人喝的茶并不是单一产地茶，而是混合茶。

英国茶叶公司宫殿红茶（Tea Palace）的代表混合茶之一——伦敦皇家红茶，该茶由云南的红茶和斯里兰卡的红茶混合制成，茶色诱人。

笔者在学习用单反照相机照相时，老师曾说过："最近相机的自动模式十分优秀，所有的相机公司都在为提高自动模式的水准而努力。因为这个技术代表了一家相机公司的水准。所以一般人只需要将相机调为自动模式即可拍照，这样照出来的照片最少也可以打 85 分。但学习手动调整后拍摄的照片可以在这个基础上再加五至十分，因为这是自动模式做不到的。"

笔者认为红茶也是一样的。传统的红茶公司将混合茶作为代表产品极力推广，因为混合茶的销量占到了茶叶总销售量的很大一部分。虽然混合茶没有单一茶园茶独特的味和香，但在使用最先进的技术将各种茶完美地调配制成的产品中，也有很多优质茶叶。希望大家都可以找到自己的"每日茶"。

第五章
阿萨姆

1. 依靠英国，为了英国——阿萨姆开启红茶时代

中英矛盾

所有的茶都起源于中国。关于这点多少存在一些争议，但大体上是没什么错的。即使认为红茶是起源于中国的，但因为大批欧洲国家的消费群体的存在，也让红茶看起来好像是英国预定的茶叶。

福建武夷山部分氧化茶的诞生可以看作红茶的起源。之后，为了使茶叶更加符合英国人的口味，部分氧化茶得到了较大的发展。用今天的观点来看，这就是历史的必然。但如果要为今天的红茶下个定义的话，这样定义也不为过：最初在印度生产，之后对生产方法进行改进得到的与之前不同的茶叶即为红茶。

英国在 17 世纪后期到 19 世纪中期的 200 多年间都是从中国进口茶叶的。最初，茶叶只是贵族和上流社会人群的消费品，但 18 世纪末之后，茶叶已经成为除了非常贫困的人之外，

大部分英国国民的必需品。因此茶叶的进口量也大幅度增加。

当时中国与英国等西方国家之间的贸易并不是我们现在意义上的贸易，而属于朝贡贸易。当时中国的态度是：我们不需要你们这些蛮夷的东西，如果你们需要中国的茶叶的话，就带着银子按我们提出的条件来买吧！ [①] 这是发生在1792年英国第一次派遣外交使节来中国时发生的事。当时英国为了摆脱朝贡和建立主权国家之间的贸易关系，因此特地派遣外交官麦卡特尼（G. McCartney）到北京协商除广州外其他港口岸的开放问题。

但麦卡特尼在见乾隆皇帝的时候却被要求三跪九叩，而且并不是简单的磕头，是要头着地扣出声才算。麦卡尼特拒绝了这个要求。在这种情况下英国对中国提出的要求当然也都不可能实现了。

但在当时也没有什么别的办法。中国垄断了茶叶的供给，英国只能答应中国所有的请求。也因此英国开始寻找新的应对方案。英国人无法继续看着中国人依靠垄断茶叶积累庞大的财富。100多年以来，英国以军事力量为基础，寻找糖、鸦片、橡胶、可可、咖啡等价值较高的农产品生产地，然后对其进行殖民统治和获取利益。于是他们认为这种帝国主义的方式对中国的茶叶也同样适用。

18世纪初，英国已经开始进行产业革命。农业改革也取得了令人瞩目的成果，即通过用资本投资将小规模企业合并

---

① 中国在茶叶贸易中只接受白银，当时英国白银都是从美洲新大陆得到的。但在1776年美国独立后，英国无法再得到白银。随着茶叶进口量的逐渐增加，白银量越来越不足。为了应对这一情况，英国决定向中国销售印度生产的鸦片。最后用卖鸦片得到的白银再去买茶。为了获得茶叶，英国使中国人吸食鸦片成瘾，最终引发了鸦片战争。

等方法提高了劳动效率。英国认为这种方法同样适用于中国的茶叶生产，他们想通过经营大规模茶园进行科学生产以提高生产效率。

但是，反观当时英国和中国的情况，英国的这种想法是不可能实现的。18 世纪末期，英国对茶叶几乎一无所知。英国人甚至直到 19 世纪中期才知道红茶和绿茶是用同一种茶叶制成的。中国为了不让茶叶的秘密流出也一直守口如瓶。

中国之外的茶叶生产地

在帝国主义政策的影响下，英国建立了国家植物园，并在海外建立了分处。只要占据了新的土地，就马上派遣专家前往研究新品种的植物，并从中获取利益。多亏有这样的政策，英国发现了印度也有茶树的事实。他们在 1778 年于印度阿萨姆地区发现了野生的茶树。

英国植物学家约瑟夫·班克斯（Joseph Banks）相信茶树可以生长在印度北部。虽然英国对在印度栽培茶树倾注了大量的时间和努力，但在维持和中国的茶叶交易期间，这些研究都只停留在学术领域。

这是因为通过和中国茶叶贸易获取了巨额利益的东印度公司对调查茶叶生产地不太关心。他们垄断了和中国的茶叶贸易，当然不希望自己的交易受到威胁。另外，当时英国东印度公司无视英国内部想要寻找新的茶叶供给地的各种行动，并且有能力阻止他们进行寻找。

1823 年东印度公司的罗伯特·布鲁斯（Robert Bruce）在阿萨姆发现了野生的茶树。这段时期正是英国国内茶叶需求量快速增长的时期。而且政治上，中英关系也越来越紧张，贸易开始不稳定。1833 年，东印度公司在中国的贸易垄断权终结。

红茶生产的起始

在国际关系不断变化的情况下，野生茶树的发现为英国带来了转机。暂且不谈当时人们能否区分阿萨姆大叶种野生茶树和中国的茶树的不同，光确认发现的树为茶树就经历了各种曲折。1838 年，英国人将第一批在阿萨姆生产的 12 箱茶叶运回英国。在肯定了阿萨姆可以生产茶叶后，英国许多投资者集资成立了阿萨姆公司，开始建立茶园。但 1838 年的历史意义有限，因为阿萨姆的茶叶生产大约是在 20 年后才逐渐走向正规的。

在这 20 年间，英国人进行了无数次试验。最大的一次试验是在阿萨姆地区栽种中国品种的茶树。当时人们有着这样的看法，那就是只有这样才能生产出与中国茶叶味道和品质相同的茶叶，才能与其竞争。但这样的做法明显忽视了气候、土壤等自然环境因素的影响。最终，经过无数的争论成见才逐渐消失。

阿萨姆的气候等自然环境与中国的不同，也对生产的茶叶品种和红茶的加工方法造成了一定的影响。英国人根据阿萨姆地区的环境对中国的制茶方法进行了改进，建立起了自己的茶叶生产系统，可以大量生产品质恒定的红茶。这就是现代称之为传统方法的制茶方法。（传统方法的意义请参照第三章中《传统方法和 CTC 及英式红茶的形成》的介绍。）

现在大部分高级红茶也使用传统方法进行生产。从前，中国数十万的家庭使用各自的加工方法加工出的红茶品质多样。而英国人通过定型的生产过程，可以大量生产品质恒定的高品质茶叶。随着发展，制茶方法逐渐由中式转为英式。制出的茶叶与之前中国生产的茶叶相比，味道较重且较涩，英国人却很喜欢这种茶，还会向茶中添加糖和牛奶。

还有一个更重要的事实，英国人将茶叶生产标准化和机械化后，阿萨姆红茶开始大量生产，逐渐取代中国茶叶，并以更低廉的价格广泛地对外输出。19世纪末20世纪初，英国已经成为当之无愧的红茶之国。

阿萨姆的自然环境和简要的历史

笔者直到现在还能清楚地回想起中学地理课上老师曾经强调世界上降雨量最多的地方是阿萨密。已经过了35年，笔者还能记得这么清楚也算很神奇了。但笔者记得很清楚当时老师说的是"阿萨密"而不是"阿萨姆"。所以当笔者第一次听到阿萨姆红茶时完全没把它和阿萨密联系起来。多年之后，阿萨姆和红茶成为了笔者人生中重要的两个词。

位于印度东北部的阿萨姆地区被孟加拉共和国阻隔着，仅通过一个狭窄的地区与印度相连，好似一个被孤立的小岛。过去该地区被统称为阿萨姆，而现在则被拆分成了包括阿萨姆邦在内的几个邦。

阿萨姆地区不仅气候不太"友好"，而且群山环绕、宗教盛行、文化落后，当地人也不太关心外面的世界。就连当时支配印度的英国在选择政府工作地点时也最先将阿萨姆排除在外。从13世纪起，阿洪姆（Ahoms）族人就一直在这里生活。这里地势艰险，就连曾经支配印度的莫卧尔帝国也无法侵入。

正如大部分王国的没落，阿洪姆族建立的王国也是因为内部纷争使缅甸人趁机入侵。在缅甸人从这里撤退的同时，1826年英国控制了该地区。因为阿萨姆东部与中国相接，英国对这里很感兴趣。

1823年，罗伯特·布鲁斯在阿洪姆前首都附近的Shivsagar地区发现了的野生茶树。自此，阿萨姆地区展开了历史新篇章。生产红茶的场所主要集中在阿萨姆邦。从地图上看，阿萨姆邦整体形状与英语字母T相似。阿萨姆北部布拉马普特拉河，红茶的主要生产地也基本上分布在江附近，因此有人将阿萨姆红茶称为布拉马普特拉河的礼物[①]。

阿萨姆邦的茶叶生产地主要集中在布拉马普特拉河附近肥沃的土地上。特别是从1823年罗伯特·布鲁斯发现野生茶树的Shivsagar地区起，到阿萨姆东北部和中国、缅甸接壤的上阿萨姆Doom Dooma地区，那里土壤为红色的土壤，当地茶园生产的茶叶品质是最好的。阿萨姆的茶叶主要生产地包含Doom Dooma，并以其下方地区为生产中心。

雅鲁藏布江源于青藏高原，绕过喜马拉雅山脉后向南流去，流经印度时被称为布拉马普特拉河，从T字的阿萨姆的右边流向左边，然后往南一直到孟加拉国和恒河交汇注入孟加拉湾。众所周知，雅鲁藏布江是一条大江，但知道其横穿热带雨林且流域附近文明不发达的人可能就不太多了。且它最后并不是流向大海，而是与恒河交汇。

大部分茶叶生产地都集中在布拉马普特拉河上游，所以从当时印度的中心加尔各答看，人们要乘船逆流而上一直到

[①] 阿萨姆邦的茶叶种植区主要有四处：上阿萨姆、北岸、中阿萨姆、下阿萨姆。

最上游的地区。

在遥远的密林中开辟茶园，很多当地人都因此丧命。由于人口不足，英政府在西孟加拉国州，即现在的孟加拉国招聘劳力，让他们沿江逆流几个月，途中有一半的人都会丧命。悲惨情景与美国的黑人奴隶贸易不相上下。

阿萨姆红茶的意义和特征

付出惨痛的代价后，从 1860 年起，阿萨姆开始正式生产红茶。1859 年时，印度和英国的茶叶贸易少到可以忽略不计；而中英之间的茶叶贸易量则达到 32000 吨。1888 年印度的茶叶产量达到了 39000 吨，这时，英国从印度进口的茶叶量已超过从中国进口的茶叶量。1899 年印度的茶叶产量已接近 10 万吨，英国从中国进口的茶叶量减少到了 7100 吨。

再加上蒸汽机的应用，使英国可以用蒸汽船将茶叶沿布拉马普特拉河运出。有组织的劳动力、蒸汽动力、生产机械化等使阿萨姆在当时可以生产大量优质茶叶。茶叶的价格随着生产量的增加有所下降，进而促进了英国红茶消费量的大幅度增加。到 1890 年左右，英国已经基本上摆脱了对中国茶叶的依赖。

阿萨姆是世界上降雨量最多的地区。从孟加拉湾蒸发出的水汽无法越过喜马拉雅山脉，最终变成了雨。在阿萨姆 4 到 9 月为雨季，平均温度高达 35 摄氏度，温度高、湿度大，对人类来说确实是不太"友好"，但在这种环境下生长的阿萨姆种茶树产出的茶叶却拥有独特而丰满的口感，还略带麦芽香。

阿萨姆地区冬季大约为 12 月到来年 2 月。温度最低不会降到 13 摄氏度以下，但茶树在这段时间会进入休眠状态。3月时收获第一批春茶，5 至 6 月第二次采摘。一般人认为第二次采摘的阿萨姆茶品质最好。FTGFOP 级和 TGFOP 级（请参照第二十四章的内容）的单一茶园茶那肥壮的茶叶中夹杂着许多金黄芽叶。

茶叶整体呈褐色接近黑色。如果你喝一口散发着成熟果香的 Orangajuli 茶，你将感受到醇厚的滋味和阿萨姆红茶特有的麦芽香，也会让你对阿萨姆红茶有所了解。

用于生产阿萨姆红茶的 CTC 红茶因为萎凋和氧化时间短，所以味道较为强烈。在喝传统的茶叶时，可以感觉到茶水在嘴中流动，味和香也会有所变化。但在喝 CTC 红茶时，只会感觉到一块什么东西进入到了嘴中，不会有移动或变化的感觉。向 CTC 红茶中加入牛奶和糖又是其另一独特之处，英国人也长期偏爱这种加了牛奶和糖的红茶。

现在，阿萨姆大约有 600 多个茶园（也有资料显示是 900个），2008 年的茶叶产量大约为 49 万吨[①]，几乎占了印度茶叶总产量（98 万吨）的一半。总而言之，阿萨姆的茶叶产量占到印度总产量的 55%。一部分资料则记录为 70%。大部分阿萨姆红茶采用 CTC 方法生产。

最近由于肯尼亚等新兴茶叶生产国使用 CTC 生产方法，茶叶产量大增，价格竞争变得十分激烈。许多茶园开始关注如何提高传统茶叶的品质。事实上，阿萨姆生产的优质单一茶园茶也有很多。

---

① KEVIN GASEOYNE. Tea: history, terroirs, varietes [M]. Richmond Hill, ON, CAN: Firely Books, 2011: 158.

古瓦哈蒂火车站的夜景

离开阿萨姆

　　大部分生产阿萨姆红茶的茶园都分布在布拉马普特拉河周围。笔者很想亲眼看一看布拉马普特拉河,感受壮阔的场面。但很奇怪的是无论我们的船怎样向那方向移动也到不了江边,最终也没有看到布拉马普特拉河。

　　笔者和导游聊过几句,但似乎他对这里也不太了解。布拉马普特拉河是发源于青藏高原并绕过喜马拉雅山的江,是让无数开辟茶园的孟加拉国人丧命的江,是将阿萨姆红茶运出去的江。带着遗憾,笔者从阿萨姆最大的城市古瓦哈蒂坐夜班火车回到了大吉岭。

　　笔者最终还是看到布拉马普特拉河了。那是几天后结束了大吉岭的日程,在前往新德里的飞机上看到的。这班飞机途经古瓦哈蒂。古瓦哈蒂到大吉岭需要坐六个小时的火车,但乘飞机只需要不到一个小时。从古瓦哈蒂起飞的飞机绕着布拉马普特拉河飞了一会儿,然后前往新德里。古瓦哈蒂是

从古瓦哈蒂坐了四个多小时的车后才看到了真正的茶园。车上看到了阿萨姆远处的地平线，这才是所谓的平原地带。

一座沿江的发达城市，从飞机上向下看时笔者心里想，如果没有坐在窗边，也许就看不到这样的景色了，冥冥之中似乎有人在帮助笔者，感激之心油然而生。

虽然笔者带不走河水，但可以像这样将它的景色记在脑中，然后告别阿萨姆，也是一次愉快的离别。

2. 阿萨姆红茶

阿萨姆是个遥远的地方。不仅在地理方面遥远，内心感觉也很遥远。但它仍然是一个让人向往的地方。

从仁川出发，到加尔各答已是晚上。在酒店休息一晚过后，第二天早上搭乘早班飞机前往古瓦哈蒂（过去统称为阿萨姆，阿萨姆的民宅。这样的房子在那里属于平均水平。我们也从外观无法得知是穷人还是富人的房子。

遮阴树和茶地

但 1970 年后分成了若干个邦，古瓦哈蒂虽然不是邦府，但在该地区也起着很大的作用）。

从古瓦哈蒂坐几个小时汽车后才能开始看到茶园。车沿着布拉马普特拉河前进了几个小时，笔者不禁想起了 150 多年前为开辟阿萨姆茶园，无数的人乘船葬身于河中的场景。笔者在阅读有关阿萨姆茶园开垦的悲惨故事后，久久不能忘怀。但也并不仅仅是因为那些故事，现在阿萨姆地区劳动人民所处的恶劣环境也在不断影响着笔者对阿萨姆的看法。途中，笔者吃到了第一顿正宗的印度式午餐，还第一次喝到了真正的印度奶茶——Chai。不论是午餐，还是奶茶，都很美味。

阿萨姆的一大特征便是在开阔平地上展开的没有尽头的茶园。事实上，要想亲眼看到茶园却不是一件容易的事。途中是可以看到远处的地平线，但其中种了很多遮阴树，数量要比想象的多得多，因此也没怎么看到大片大片的茶园。据说这些树是为了保护茶树的叶子免遭强光直射而种植的。处在高山地带的大吉岭因为常年云雾弥漫，不需要这种树。尼尔吉里和斯里兰卡也有类似的树，但种植得比较稀松。而阿萨姆的遮阴树十分密集，几乎可以为茶树阻挡掉大部分强光。过去，人们也会砍掉这些树，用来制作装茶叶和运输茶叶的箱子。这些树远远地看就像一片森林一样，但从茶园内部看却十分整齐。阿萨姆的茶树和韩国宝城及日本的茶园相似，都修剪得像平整的桌子一样，人们采叶也十分便利。

当笔者站在茶园内，才渐渐觉得自己真的来到了阿萨姆。

笔者真的来到了初次接触红茶时便听说过的红茶的代名词——阿萨姆。本人第一次从海外购物买的东西就是阿萨姆的红茶。它也是英式红茶的象征。

混合红茶

（1）福特纳姆和玛森

阿萨姆碎茶（Assam Superb）vs. 阿萨姆细芽花橙黄白毫茶（Assam Tippy Golden Flowery Orange Pekoe）

这两种茶外形上较大的差异便是茶叶的大小。细芽为叶茶，而 Superb 为碎茶。因此等量的两种茶叶，Superb 看起来会更多一些。细芽这个名字虽然会让人联想到茶叶中茶尖很多，但其实碎茶和细芽中茶尖的数量相差并不多。

两种茶都是经典的阿萨姆茶。但碎茶的水色细芽略深。阳光下两种茶的水色都很清澈透明。

和阿萨姆的单一茶园红茶相比，这两种茶的麦芽香较弱。细芽的口感较碎茶更多样和复杂一点，但两者的差异也不是很大。气味上，也是细芽更为柔和，碎茶的味道则比较强烈。

两种茶相比其他阿萨姆茶更为成熟，是以阿萨姆茶为原料的标准混合茶。

两种茶的茶叶颜色都为均匀的褐色，可见茶叶的氧化程度较深且较均匀。

（2）罗纳菲特

皇家阿萨姆金色碎花橙白毫茶（Royal Assam Golden Flowery Broken Orange Pekoe）

这种茶的茶叶大小不规则、不整齐且混有金芽尖，属于褐色碎叶茶。茶水色为清澈的深红色。仔细观察的话，

你会不禁感叹其水色的纯净，这是典型的阿萨姆茶的颜色。茶香是包含麦芽香的复合香，味道鲜明，具有阿萨姆茶典型的特征。

虽然这种茶的茶叶很明显是碎叶，但因其大小和颜色较统一，可以看出是优质红茶。

（3）哈罗德（Harrods）

阿萨姆30号

阿萨姆30号虽然是叶茶，但叶子并不大。茶叶外形上较为统一，间或可以看到金色茶尖，整体呈褐色。

水色为红色，但比皇家阿萨姆稍亮。麦芽香不是太强烈。味道也不如阿萨姆单一茶园茶那样鲜明醇厚。特点有点模糊，只知道它是阿萨姆红茶，但魅力值却不高。

茶叶的大小和颜色（深褐色）也较为统一。

个人认为，以大吉岭和斯里兰卡的茶叶为原料制成的混合茶品质十分出色，但阿萨姆混合茶品质却大大不如阿萨姆的单一茶园茶。前面所提到的阿萨姆混合茶，都是笔者初次接触时认为品质十分优秀的混合茶。但在接触很多阿萨姆单一茶园茶后，现在很难再给罗纳菲特公司的皇家阿萨姆金色碎花橙白毫茶一个好的评价了。

　　据推测，英国人在喝红茶时几乎都会加牛奶。不管是泡茶包还是沏散茶，他们并不像我们一样严格控制茶叶和水的量，只是大概估计一下。加入了牛奶，品尝时也感觉不到直接喝时的那种细腻感。回顾历史，阿萨姆红茶最开始就是为了让人们搭配牛奶和糖而生产的（请参照第二十一章《红茶和糖》的内容）。阿萨姆红茶特有的浓厚的麦芽香也与牛奶很相配。因此，阿萨姆红茶作为混合红茶，特别是英式早茶的茶胚被大量使用。

　　这样看来，阿萨姆红茶似乎不再像过去那么受人追捧。虽然阿萨姆每年的茶叶生产量都有 50 万吨至 70 万吨，但 80% 至 90% 都是 CTC 茶。而且印度总产量的 80% 以上都是供印度国内自己消费的。国内消费的茶叶中，大部分又都是用 CTC 茶为原料，向其中添加牛奶和香辛料，最后制成印度特有的奶茶——Chai。但印度人喝茶的历史并不长。最初为了解决第一次世界大战后产量激增的茶叶，茶叶公司开始刺激国内的消费。阿萨姆的中心地区古瓦哈蒂的商店主要销售的也是 CTC 红茶。出口用的红茶则主要是大吉岭附近的西里古里和加尔各答生产的茶叶。

　　印度独立后，英国主要从肯尼亚进口 CTC 红茶。和其他

以出口为主的国家和地区一样，阿萨姆也开始由 CTC 红茶向传统红茶转变。接下来要介绍的就是阿萨姆生产的品质卓越的单一茶园茶。与阿萨姆混合茶不同，这些单一茶园茶的味和香都是最为优秀的。

单一茶园红茶

（1）玛利阿奇兄弟

Numalighur 茶园 FTGFOP1 次摘茶 / 夏茶（Second Flush）

笔者时不时会对以茶尖为标准指定的等级产生疑问。但 Numalighur 茶园不仅让本人觉得它确实符合自己所在的等级，而且还使人觉得它与其他阿萨姆单一茶园红茶有着明显的区别。

在阿萨姆旅行时，车行到 Golragatteu 附近时总是看到 Numalighur 的路标。虽然当时没有亲自前去，但如果再去阿萨姆的话，笔者一定要去一次 Numalighur 茶园。

看到干燥后的茶叶时，最先映入眼帘的就是茶叶中混合着的金色茶尖。据说该茶园的金色茶尖就是如此之多，它也因金色茶尖丰富而出名。

泡好的茶香味多样，醇厚而不单调。水色是非常清澈的红色。这种茶仅仅通过茶水的颜色就可以让你知道它是多么优质。香味并没有扑鼻而来，而是像停留在茶杯表面一样。可能是因为这样，所以麦芽香不是很强烈。

虽说干燥了的茶叶的香味并不是那么重要，但你打开 Numalighur 茶的茶盖时可以闻到一股隐隐的香味（并

可以明显看到表面的雾气和茶杯边缘的金色圆环

不能仅仅说是一种花香），而茶的味道就像是这种香味融化了一样。香味丰富多样，味道也很醇厚。

喝这种茶时，你可以再一次感受到大自然给予的祝福。喝高级红酒的人也会有这样的心情。但相比红酒，红茶价格要低很多。

（2）哈罗德

Orangajuli 茶园 TGFOP

每个红茶公司都有其独特的营销策略。Orangajuli 茶园茶并没有出现在哈罗德的主页上。2012 年 5 月，笔者在新加坡樟宜国际机场的哈罗德商店购买了 Orangajuli 茶园茶。2013 年 3 月，笔者又在相同的地方购买了这种茶。但 2013 年 8 月，伦敦的哈罗德商店却不再销售这种茶了。

Orangajuli 茶园建立于 1894 年，位于古瓦哈蒂，越过布拉马普特拉河，离不丹很近。

干燥后的叶子呈深褐色，叶片大小符合其等级。茶叶中混合着深黄色的茶尖。

水色为清澈的红色，具有典型阿萨姆单一茶园茶的特点，茶叶散发着独特的麦芽香。随着茶水逐渐冷却，茶香和滋味越来越浓烈，嘴中满满都是麦芽香。单一茶园茶最大的优点是，就算茶完全冷却，口感也不会变涩，仍然十分柔和。这种茶能将阿萨姆红茶最原本的样子展现出来。同时，它也是笔者喜欢的红茶中的一种。

大家想不想知道如果将 Numalighur 和 Orangajuli 这两种优质单一茶园茶混合起来是什么感觉？笔者曾试过一次，结果混合后的茶也只是单纯的红茶罢了，没有什么特别之处。

第六章
大吉岭

1. 大吉岭，喜马拉雅的礼物

不久之前笔者曾看过一部名为《归途》的电影，电影中有这样一个场景：第二次世界大战时，从西伯利亚的俘虏收容所中逃跑出来的人们逃到拉萨时说想去印度，拉萨当地人告诉他们只要去锡金（Sikkim）就可以了。印度和西藏之间隔着喜马拉雅山脉，它们之间的唯一通路就是锡金[①]。大吉岭与锡金的南部相邻，位于西孟加拉邦的北边，东西分别与不丹和尼泊尔相邻。

19 世纪 30 年代，大吉岭当时还是锡金王国的领土。作为良好的修养地和战略要塞，大吉岭吸引了英国的注意，最终被英国所接管。

关于大吉岭名字的由来有好几种说法。一种是说大吉岭

[①] 锡金原属于中国西藏地区，通过 1816 年以后和英国的协商，1835 年英国割据大吉岭，1975 年锡金举行全民投票，废除锡金王国，正式成为印度的一个邦，2003 年中国承认印度对锡金拥有主权。

大吉岭红茶的制造过程，19 世纪后期

酒店内挂着的大吉岭开发伊始的照片，图为一些秃山被推平的场景和当时劳动者的模样。

源于"dorja ling"，意为备受崇拜的"dorja"的土地。也有说法称，大吉岭是山坡上建起的佛教寺院的名字，现在的大吉岭就是以此为中心建立起来的。还有说法称，大吉岭蕴含着西藏的起源，是（掌管雷和雨）因陀罗神休息的地方。狭窄的大吉岭，有时会让人怀疑它是否就是生产出具有多样味和香的红茶的地方。

19 世纪 30 年代，苏格兰医生坎贝尔来到大吉岭，为英国军人建立了修养地。同时，他还成功地栽培出了茶树。当时，人们看到阿萨姆可以种植茶树后，便开始在印度各地进行栽培试验。把从中国带来的中国种茶树和从阿萨姆地区带来的阿萨姆茶树种植到这里，茶树很好地适应了这里的环境（空气、降水量、光照等）。

1856 年前后，茶园试验成功后，英国开始正式在大吉岭开辟茶园。到 1866 年，茶园的数量已增长到 39 个，产量也达到 21 吨。如今有名的茶园（Ambootia、Badamtam、马凯巴里、Singell 等）大多都是当时建立起来的。1839 年，大吉岭的人第一天在大吉岭住宿的酒店，虽然内外的样式都较为古老，但酒店建成到现在只有十年左右。内部十分简洁整齐，处处都有跟茶有关的装饰品。

口不过一百多人，到 1881 年前后，人口数量已达到九万五千多人，茶园数量也增长到了一百多个。

本人第一天在大吉岭可松地区住的酒店是一座样式古老的建筑物，墙上还挂着各种大吉岭开发时的照片：机器在什么没有的光秃秃的山上推出路，并将山改造成梯形用来种植茶树。

如今我们是完全想象不到当时开采大吉岭时的悲惨景况的。一百五十多年前的大吉岭环境的恶劣程度一点都不亚于阿萨姆。一想到无数的人用血泪开辟出了这个地方，内心便会感到一阵悲伤。准确地来说，我们喝的红茶的味和香的背后有着惨痛的历史背景。

如果有机会的话，我想写一本与此有相的书。这样，我们就会迈出了解大吉岭红茶历史的第一步。

自然环境

从杰尔拜古里火车站所在的大吉岭地区下辖的西里古里起到临近山地的茶园周围，都种满了类似阿萨姆地区的遮阴树。进入山地后就没有这些树了。随着地势的升高，云雾逐渐代替树为茶叶遮挡住了强烈的阳光。从喜马拉雅山脉延绵下来的这片地区作为茶叶的生产地，又被看作是备受祝福的土地。

大吉岭的茶园分布在海拔 300 至 2300 米范围内，绝大多数茶园都分布在海拔一千多米的地区。夏天平均温度为 25 摄氏度，冬天为 8 摄氏度左右。因为是高山地带，有时也会受到霜降的影响。降水量约为 1600 至 4000 毫米，可以为茶树供给充足的水分。大吉岭又可以分为七个小地区。

笔者搭乘吉普车在艰险的路上行驶时，看到了这样的场景：无论是沿溪谷处和山腰的路边还是远处的地方，都密布着茶地。那里真的没有一处是平地，倾斜度在不断增加。不知是不是因为那里是喜马拉雅山的山脚，因此地势比斯里兰卡的高山地带更为险恶。

　　但也多亏有这样的地形，使土壤保持了一定的酸性，灌溉也更为便利。上到某个高度后向下望就可以看到整个山腰都被茶树覆盖。由于这种山地的地形条件限制，大吉岭的茶园规模相比阿萨姆茶园的规模要小很多。

　　早期建立的马凯巴里茶园 2012 年的茶叶生产量为 91 吨。大吉岭的茶园的年生产量基本上都是该水平。大吉岭红茶的产量十分少，年产量只有 1 万吨左右。近年来产量又下降到 7000 吨，占印度茶叶生产总量的比例不到 1%。但据说市场上以大吉岭命名的茶叶量比大吉岭的产量最少高出三至四倍。

　　尽管产量少，但大吉岭红茶在世界红茶中却占有十分重要的地位。大吉岭红茶的生产者知道仅仅依靠产量它和任何地区竞争都会失败，因此为了在世界红茶市场上赢得竞争，生产者将主要精力放在了提高红茶品质上。

　　马凯巴里茶园品茶室旁边的橱窗中特别陈列着用茶园第二次采摘的茶叶制成的罗纳菲特的白色大吉岭夏金（Darjeeling Summer Gold）的茶盒。向经理询问过后，经理说是罗纳菲特为了让他们参考其中（第二次采摘的）茶叶的味道而寄来的。

和阿萨姆完全不同的茶园面貌：没有平地，所有的茶都是在这样倾斜度较大的山上生长的

这附近的茶园之间的竞争就是如此激烈。笔者猜想，虽然这里年产量不过 100 吨，但茶园之间激烈的竞争或许也是维持大吉岭红茶名声的基础之一。

全世界海拔较高的地区种植的茶的品质都十分优秀。得到这种"祝福"的代表性地区就是大吉岭、斯里兰卡和中国的台湾的高山地带。这些地区生产的茶都十分优质。其中大吉岭更为特别。地球上再也不会有另外一个地区可以像大吉岭一样生产出拥有这样味和香的茶了，这种味和香是由天然的地理条件和优越的气候条件共同作用形成的。

易溶于水的弱酸性、稀疏的沙质土壤将茶树牢牢地固定在大吉岭山谷间陡峭的斜坡上。在分布在海拔 300 至 2300 米的茶园中生长着的茶树吸收着喜马拉雅山稀薄、干净的空气，而这样的空气也减慢了茶叶的生长速度。

辛苦得到的一切都是珍贵的。这里的环境对人类来说十分恶劣。人们在倾斜度为 60 至 70 度的斜坡上种茶和摘茶，费尽千辛万苦制作出来的大吉岭红茶的味和香也对得起人们付出的辛苦。

大部分大吉岭茶园栽种的茶树是中国种和阿萨姆种茶树。但每个茶园中，这两种茶树的比例是不同的。大体上是，海拔越高，种植的中国种茶树就越多。这就是公认的用中国种茶树的茶叶制作出来的茶味道最好的原因。中国种茶树更能适应高海拔地区的气候。

但在海拔较低的地方，一部分大吉岭茶园在栽种新茶树时会选择生命力和繁殖能力强，又多产的阿萨姆种茶树。不仅如此，种植时也不再以种植种子为主了。笔者在大吉岭品茶和参加茶会时也有遇到以种植种子为主的茶园，但最近，很多茶园都会先在育苗场通过无性繁殖茶树，再将茶树种植到茶园中。

像这样大量种植这种对天气变化适应力强且品质也十分优秀的茶树，可以大大提高茶园的茶叶产量。

初摘茶 / 春茶（First flush）

山区气候的变化总是十分微妙，除此之外，大吉岭地区分明的四季也对茶叶最终的味和香造成了很大的影响。季节不同，大吉岭收获的茶叶的味和香也各具特色。这也让大吉岭红茶的名声得到了提高。

大吉岭寒冷的冬天为 11 月下旬到翌年 3 月初，这段时间是茶树的冬眠时间。到了 2 月末 3 月初，伴随着春雨的到来，茶树也开始发芽了。这时采摘的茶即为众所周知的初摘茶。初摘茶滋味略微淡薄，清新自然，还略带花香。甜甜的口感中一丝辣的感觉让春茶带上了贵族色彩。喝完春茶后残留在嘴中的余味更让人心情愉悦，这也是大吉岭春茶的魅力之一。

茶叶呈浅绿色、浅褐色、深褐色，各个颜色调和在一起。颜色的不均匀一方面是由于萎凋强度大，氧化时间短；另一方面是由于大吉岭种有多样的茶树，不同茶树对其茶叶的生长带来的影响不同。

另外，萎凋和氧化的痕迹在叶底上也会显示出来。茶叶整体呈青褐色。

人们常认为春茶的品质是最好的。韩国也是如此。因为整个冬天茶树储存的养分到了春天都会转化为芽生长所需的能量。不仅如此，春天茶叶生长速度较慢，茶叶中的各种营养成分浓度也更高。大吉岭春茶就是这种带有浓缩的味和香的茶叶经高强度的萎凋和短暂氧化后制成的茶。正因为春茶具有浓缩的味和香，20世纪90年代后期，世界红茶爱好者们开始关注起了大吉岭。

过去十多年间，春茶生产速度快，竞争十分激烈。当时的英国人都希望能够最先喝到当年的第一批春茶。日本人尤其以喝到大吉岭春茶为傲。虽然第一批春茶确实十分稀少，但其味道却略差了一些。因此，很多人认为相比第一批春茶，一至两周后采摘的茶叶味道更好。

笔者认为人们喜欢第一批春茶也许是受到面子的影响，即比别人先喝到春茶的一种满足感，虽然这种满足感也很重要。

次摘茶 / 夏茶

一般在4月份的春茶采摘结束几周后开始第二次采摘茶叶。第二次采摘的茶叶相比柔软的春茶要更大、更强壮，味道也更为成熟。

在春茶出现之前，最受人们欢迎的便是大吉岭的夏茶了。

这时茶叶正要开始生长，一至两周后就可以开始采摘茶叶了。

红茶饮用者们认为夏茶味道更为成熟，因此仍将夏茶选为最为优质的大吉岭茶。夏茶虽然经过长时间的氧化，味道没有春茶新鲜，但夏茶散发着成熟的水果香。这种水果香类似麝香葡萄（Muscat grapes）的香味。大吉岭夏茶最著名的香味也是这种麝香葡萄味（Muscatel）。因此大吉岭夏茶又被称为大吉岭麝香葡萄。

夏茶的水色与琥珀色的春茶水色不同，带有亮红色光泽。叶底也与春茶完全不同，属于深褐色。优质的大吉岭夏茶的共同点就是麝香葡萄味，但也不能将麝香葡萄味直接作为判断其品质的依据。麝香葡萄是闻名世界的数十种青葡萄品种之一，在法国、西班牙和意大利分别被称为 Muscat、Moscatel、Moscato。麝香葡萄也是在韩国十分受欢迎的意大利红酒的原材料。

等到红茶饮用者可以感觉到大吉岭夏茶散发出的麝香葡萄香，其他人也认同这种香味是其象征性香味的时候，才能说明大吉岭夏茶存留至今的合理性。因为过去人们品尝到的麝香葡萄味不可能与今天我们知道的味道是完全相同的。

因此，笔者在想，是否真的有必要将红茶历史上极具意义的麝香葡萄味当作大吉岭夏茶特有的香味，又是否非要为调查清楚这种香味的来历而费心费力呢？

雨茶和秋茶（Monsoon Flush and Autumnal）

夏茶采摘结束后，6月末至10月初是大吉岭的雨季。这期间生产的茶被称为雨茶。由于炎热的天气和充足的降水，茶叶的味和香多少会不那么新鲜。与大吉岭春茶和夏茶不同，雨茶名字中不会提及大吉岭，只将其作为一般的大吉岭茶出售。雨茶常作为红茶公司制作茶包的原料或大吉岭混合茶中的一种原料。

10至11月主要生产秋茶。秋茶没有春茶和夏茶那么受人关注。销售大吉岭红茶的茶叶公司的产品单上也一般没有秋茶。但据说最近茶叶生产者们开始关注秋茶的栽培和加工，使秋茶拥有独特的魅力，也作为一种产品上市了。

这次笔者在大吉岭购买的最贵的茶是 Rohini 茶园生产的名为"黑珍珠"的秋茶。黑色珠形茶叶中掺有金色茶尖，虽然外形没有那么美丽和整齐，但由于秋茶不太常见，所以试着买了一次。坦白来说，相比春茶和夏茶，秋茶的品质确实要差一些。泡过的叶子也不整齐，褶皱较多，有时还会有一些粉末。同是珠形的中国台湾乌龙茶的叶子，在泡过后则犹如刚摘时一般舒展整齐。但即便如此，今后笔者也想一直关注秋茶。

大吉岭红茶的特征

笔者曾读到过这样一句话："大吉岭红茶是自然、气候和英国技术的结晶。"大吉岭红茶多样的味和香并不仅仅来自于茶园的自然环境和气候，其中有很多人工技术的影响。因此，每年不同的茶园生产的红茶才如此多样。一些狂热的红茶爱好者还会比较不同季节和不同茶园的茶叶之间的差异。

因此，各个茶园会采用各自的加工方法，在不同季节供应自己的单一茶园茶。一些红茶公司还会选择其中的一些加入到销售的目录中。

而且大吉岭与一般茶叶生产地不同，这里同时栽种着中国种和阿萨姆种的茶树。即使在同一茶园内混合种的情况也很多。此外大吉岭还种植有很多混合（杂交）品种，各种杂交品种中也有很多变异的情况。①

但现在大吉岭面临的更为现实的问题则是低生产量和高额的生产费用。大吉岭种植大量的中国种茶树，它们叶子要

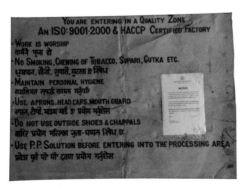

马凯巴里茶园工厂内与ISO 有关的句子

----

① 这里的混合并不是指一般的将加工好的茶叶混合起来，而是指不同品种茶树的杂交。

图为大吉岭著名的小火车。这种窄轨火车过去曾将茶叶运输至西里古里，现在为游客开设为短程路线。

比阿萨姆种茶树的叶子小很多。因此，虽然经过相同的加工过程，但最后产量却很少。所以，单位产量的生产费用高则是直接导致其失去价格竞争力的原因。

　　为了克服该缺点，许多茶园会申请有机农产品认证，或是用环保的栽培方法提高茶叶品质。虽然大吉岭的每个茶园都很小，但都有自己的工厂。笔者在访问其中一家工厂时就看到了墙上贴着的 ISO 认证书。环顾工厂内部，即使在不生产茶叶的时候，工人们也都戴着帽子、口罩，穿着鞋套等，有点像韩国国内的食品工厂一样。因此笔者认为除了自然环境、气候和英国的技术外，大吉岭的茶叶可以拥有这样的味和香还离不开为此倾尽心力的生产者们。尽管茶园数量不过 80 个，产量也不过 1 万吨左右，但具有高品质的大吉岭红茶最终赢得了全世界的喜爱。

干城章嘉峰

笔者在亲眼看到干城章嘉峰后才深刻了解到为什么称大吉岭是喜马拉雅的山脚下的城市。干城章嘉峰是世界第三高峰，被称作"雪中五宝"，这是从它有五个峰顶而得来的。

干城章嘉峰的日出非常有名。我们在大吉岭住的酒店位于海拔高度为 2134 米的地方。为了观赏日出，凌晨我们就从酒店出发。乘坐吉普车大约一个小时后到达了海拔 2800 米的老虎山。

干城章嘉峰日出有名并不是因为日出本身，而是因为日出时阳光照耀下的五个峰顶时时刻刻都在发生变化。穿着派克大衣在冬天的冷风中颤抖了一个小时后，看到远处深蓝色天空下，隐藏在黑暗中被白雪覆盖的山峰逐渐变亮，轮廓也逐渐显现出来。这时，只要金黄色的阳光照耀在其中一座山峰上，很快光芒就会向其他几座扩散开来。这时，太阳还没有升起来。

短短的十多分钟，远处五座山峰就好像上演了一出金黄色的激光秀。还未出现在视野中的太阳散发出的金色光芒让五座山峰光彩熠熠。之后，金色的光芒消失，白雪覆盖的山头笼罩在雾气中。

要想看到这样的景色并不容易，还要看天意。如果再来一次，估计也很难看到这样的景色了。在那短暂的时间内，笔者在庄严的干城章嘉峰前许下了愿望。

等到天完全亮后，远处的珠穆朗玛峰也依稀可见。这个清晨，我曾踏入喜马拉雅山脉。

干城章嘉峰在太阳升起前的金黄色光芒照耀下时时刻刻发生变化的壮观景象

Tea Time: 大吉岭春茶是红茶吗?

前面曾经提到过红茶的分类。根据茶叶是否氧化及氧化的程度，茶叶可分为六大类。但以此为基准判断茶的类别，很多时候界限都比较模糊。作为一种农产品，经人们加工制作而成的茶，自然也很难划定出明确的分类界限。

因此与其说这样分类后的茶叶之间存在很多小差异，不如说茶叶之间存在一定的交集。有些茶很难被分在固定的一类茶叶之中，或者可以说这些茶具有多类茶叶的特征。

笔者在刚开始学习红茶的时候，就对大吉岭春茶是否为红茶充满了疑问。因为大吉岭春茶的氧化程度十分低，基本在 30% 至 50% 之间。但这样的数字只是为了帮助理解，并没有什么实际意义。

红茶属于完全氧化茶。那么氧化程度只有 30% 至 50% 的大吉岭春茶可以被称为红茶吗？乌龙茶的氧化程度在 10% 至 70% 之间，那么氧化程度为 40% 的乌龙茶和大吉岭春茶之间又有何区别呢？这是我在初期学习时的疑问。

最后，我得出的结论是：用红茶的加工方法制作出来的被称为红茶，用乌龙茶的加工方法制作出来的被称为乌龙茶，二者的核心区别在于杀青。

绿茶在采叶后直接杀青。乌龙茶则在萎凋和做青后，使茶叶进行一定程度的氧化后杀青。而红茶是没有杀青过程的。也就是说，大吉岭春茶在制作时，没有杀青，在进行一定程度的氧化后便直接干燥。

这就是为什么大吉岭春茶不是完全氧化茶却仍被划分到红茶的范围内的原因了，尽管现在还不能完全确定杀青对氧化程度相同的乌龙茶和大吉岭春茶的味和香是否造成一定的影响。

其实茶叶的分类只是人们在整理茶叶时的理论依据，对品茶和饮茶来说并不太重要。就像上面提到的，除大吉岭春茶外，还有很多类似的茶在分类时会有点模糊，因此要谨记这点。

2. 大吉岭红茶

混合红茶

（1）福特纳姆和玛森

大吉岭碎橙白毫 Darjeeling Broken Orange Pekoe

川宁、哈罗德、迪尔玛……几乎所有的红茶公司都有销售名字中带有"大吉岭"的红茶。但这么多名为大吉岭红茶的茶味道却各不相同。有的公司以春茶为主，有的公司以夏茶为主，有的公司加工的茶叶为整叶，有的为碎叶，种类多种多样。大吉岭一年的茶叶产量为7000至10000吨，但市场上流通的茶叶量足有其三至四倍。一部分是真正的大吉岭茶，剩余的则是大吉岭周围生产的。

另外由于混合茶很难将大吉岭红茶的特性表现出来，所以常常用雨茶制作混合茶。因此各个公司出售的大吉岭茶的味道和品质也是千差万别。但这对消费者来说并不太重要，能良好地运用混合技术制造出优质的茶才是关键。

福特纳姆和玛森公司出售的大吉岭碎橙白毫茶叶呈亮绿色，含有很多春茶，其余的茶叶主要为亮褐色。

泡茶时，碎叶在玻璃茶壶中上下跳跃，像星星一样"闪烁"的样子美极了。

碎橙白毫的水色接近春茶的琥珀色，但没有单一茶园春茶清澈，大概是受到了其他茶叶的影响。香味也和春茶的香味差不多，如果蒙上眼睛闻的话，几乎可以认为它就是春茶。

叶底也是绿色的茶叶要比褐色多一些。看来福特纳姆和玛森公司的大吉岭碎橙白毫是以春茶为主要原料制作的混合茶。

碎橙白毫在味道上虽然也有春茶的新鲜感，但夏茶的成熟味更明

跳跃　　　　　　　　茶叶

叶底　　　　　　　　水色

　　显一些。稍凉后，夏茶的感觉会比春茶更多一些。或许这个茶的特征就是将春茶的香和夏茶的味巧妙地混合了起来。总之，碎橙白毫是一种非常美味的大吉岭混合茶。

　　喝红茶时会区别不同茶园的茶的人估计只占饮用者的1%。虽然红茶在英国已经成为一种必需品，但其中茶包却占了95%。因此，喝散茶的人大约只占5%。

　　韩国饮用红茶的人并不多，而且喜欢喝茶又常常被认为是另类的喜好，所以和英国是没法进行比较的。但韩国喝红茶的人中有很多人都是很了解红茶的特点的，因此喝散茶的人所占比率也是十分高的。

　　但即使如此，收藏数十种红茶并饮用的人也是极少的。

　　如果根据感兴趣的程度购买红茶的话，可以选择大吉岭、斯里兰卡、阿萨姆或中国茶。若大吉岭、斯里兰卡和阿萨姆等红茶中每种都想最少买一个的话，只要从它们的混合红茶中分别挑选一种自己最喜欢的购买即可，可以忽略选择个别茶园的红茶。

（2）哈罗德

大吉岭26号

大吉岭26号的外观与福特纳姆和玛森的大吉岭红茶有很大的差异。大吉岭26号属于橙白毫或花橙白毫等级的整叶茶。[①] 茶叶整体呈褐色，也会掺杂少量的绿色茶叶。仔细观察你还会发现茶叶的褐色也是多种多样的，颜色混合得十分自然漂亮，这是只能在大吉岭茶叶上看到的特征。而且相比其他红茶生产地，大吉岭种植的茶树更为多样，不仅有中国种和阿萨姆茶树，还有各种各样的改良品种。因为同一茶园内种有各种各样的茶树，因此即使进行相同的萎凋、揉捻和干燥，茶叶最后的形态和颜色也是多种多样的。

大吉岭26号的水色呈琥珀色并散发红色光泽，与夏茶的水色接近。香味则处于春茶和夏茶的中间。

大吉岭26号的味道与醇正的夏茶味道十分相似。但"醇正"这个词一般不用在形容夏茶的味道上，夏茶的味道一般用"复合"来形容。哈罗德的大吉岭红茶味道不仅醇正、柔和，同时还含有夏茶的味道。与福特纳姆和玛森的大吉岭红茶相比，大吉岭26号偏向传统的夏茶，

---

① 关于茶叶的等级请参照第二十四章的介绍。

但春茶为其带来醇正柔和的味道，因此春茶也是其中重要的一部分。这在茶叶叶底上也有所体现，相比干茶叶，叶底中很多带有绿色色泽的茶叶，而整体呈亮褐色，可见大吉岭 26 号的氧化程度并不高。另外，大吉岭 26 号柔和醇正的味道也有可能是由茶叶大小引起的，一般整叶茶的味道较为纯熟。大吉岭 26 号也是较为优质的混合大吉岭红茶。

即使是相同的大吉岭混合茶被不同公司生产也会产生明显的差异，因此我们选择的范围也会更加广泛。

单一茶园红茶

（1）哈罗德的大吉岭吉赛尔（Gielle Estate）SFTGFOP 和大吉岭凯瑟顿麝香葡萄（Castleton Muscatel）

大吉岭又可分为西大吉岭、东大吉岭、提斯塔河谷、米瑞科、栾邦山谷、北可颂、南可颂七个地区。吉赛尔茶园位于提斯塔河谷，凯瑟顿茶园则位于南可松。

夏茶在春茶采摘结束几周后开始采摘。短短几周的时间内，茶叶的大小和形状就会发生很大的变化，再加上氧化程度和加工过程也不同，因此夏茶和春茶可以明显地被区分开来。不同茶园生产的夏茶又有所不同，这也是大吉岭红茶的特征之一。因此八十多家茶园生产的夏茶都各有特色。

虽然凯瑟顿很有名，但它的茶厂却有些简陋。即便如此，凯瑟顿生产的夏茶仍然是非常优质、标准的，茶园也被选为最佳大吉岭茶园之一。

凯瑟顿茶

吉赛尔茶

　　吉赛尔茶园每年大约生产 240 吨茶叶，相比大吉岭其他茶园，产量已经是相当高了。吉赛尔茶园中中国种茶树占了 80%，其余的为阿萨姆种茶树，哈罗德的吉赛尔茶为夏茶[①]，是在 Durbin 茶园生产的。

　　凯瑟顿麝香葡萄（"麝香葡萄"指夏茶）的茶叶大小统一、适中，由此可知揉捻十分细致。茶叶整体呈褐色，但褐色也很多样。

　　吉赛尔夏茶茶叶较大，所以可以看出揉捻不是很细致。与茶罐上标的茶叶等级有些不符。茶叶颜色与凯瑟顿麝香葡萄类似。

　　两种茶的水色多少存在一些差异。凯瑟顿夏茶颜色带有红色光泽，是典型的大吉岭夏茶的水色。而吉赛尔夏茶水色则与春茶类似，呈琥珀色。

　　凯瑟顿虽然散发着强烈的麝香葡萄香，但味道适中，饮用时可以感觉到其特有的涩感。

------

① 茶罐上虽然没有写收获时期，但有名为"Harrods，World of Tea"的哈罗德红茶介绍手册。

吉赛尔茶园生产的夏茶的茶叶、叶底、水色

　　吉赛尔虽然有夏茶的香味，但香味较轻和较新鲜，还含有一丝花香。味道也比凯瑟顿淡薄一些。

　　两种叶底间存在明显的差异。凯瑟顿虽不是深褐色，但总体颜色很均匀。吉赛尔虽然整体也呈褐色，但其中混有不少灰色茶叶。因此，分别饮用两种茶时都觉得是优质夏茶，但一进行比较便可以看出明显的差异。

　　刚开始笔者比较喜欢凯瑟顿，但在饮用吉赛尔后，渐渐地感觉它虽然是夏茶，仍具有春茶的特征，这种香和味也十分有魅力。

　　同样是夏茶，凯瑟顿和吉赛尔之间还是存在很多微妙的差异的，这就是大吉岭红茶的特征。从叶底可推断吉赛尔茶的氧化时间较短。但整体的味和香的差异是无法准确判定是因何形成的。只能感叹小小的大吉岭的神秘了。

（2）TWG

玛格丽特的希望春茶（Margaret's Hope First Estate）

　　大吉岭春茶从外形上是很好辨别的。一般红茶仅凭干茶叶是无法辨别的，但大吉岭春茶的茶叶由于是多种

颜色混合而成，所以很好辨认。淡绿色中混有深绿色、浅褐色和深褐色，整体颜色较亮。茶叶也由于是早春采摘的，所以不是很大。

玛格丽特的希望春茶水色澄清透明，为浅浅的亮琥珀色。香味也如清纯的少女一般柔和。大吉岭春茶多彩的花香也与其水色很相配。至少喝春茶的时候，你会想放下所有工作只集中在茶的味和香上，就像喝白毫银针一样。

这种茶味道很清淡，不含一丝杂味，但也有春茶特有的一丝丝辣感。春茶的魅力在于其味和香的和谐。

（3）宫殿红茶（Tea Palace）

Badamtam 春茶

这种茶整体呈淡绿色。淡绿色中又混有亮绿色和深绿色。干茶叶也散发着清香。虽然是整叶茶，但茶叶相对较小。

水色为清澈的橙黄色，也可以看作淡琥珀色，和铁观音的水色相似。只看水色的话，都可以将其看成铁观音了。

相比干茶叶的香味，叶底的香味由于水的作用，所以更香更浓。可以说这种香味为花香，笔者只想称之为大吉岭春茶的香味。

叶底的颜色比干燥的茶叶更加接近淡绿色。茶叶的大部分都是淡绿色。

茶水的香味向来比叶底的香味淡，所以专家们一般都通过闻叶底进行品评。

Badamtam 茶水的香味也比较淡，但它的味道犹如溶化在水中一般萦绕舌尖，滋味醇厚。一口饮下犹如饮蜂蜜水一般，嘴中茶的香和味久久不会散去。

　　如此透明清澈的茶水竟然有如此甘醇浓稠的滋味，而且茶叶的香和味并不是散发在外，是深藏在内。真好！

　　喝了这样的茶后，很长一段时间内，嘴里都会有香味存留。在香味消失前还可以好好地回味一下。

　　红茶作为一种饮料，不同的人喜欢的种类也不同。依照笔者的个人经验，一个人的喜好随着时间也会发生变化。刚开始的时候，笔者喜欢喝阿萨姆红茶。麦芽香和浓烈的滋味让人觉得自己在喝着点什么。之后，又渐渐喜欢上了斯里兰卡红茶。特别喜欢地势较低的地区生产的红茶的粗涩和厚重的味道。

　　一开始总觉得香味淡薄的大吉岭春茶和斯里兰卡的努瓦拉埃利亚茶少了点魅力，但最近笔者又喜欢上了这些地势较高的地区生产的红茶。但与其说对红茶的喜好有所变化，不如说喜欢的红茶种类变多了。现在笔者都开始喜欢大吉

左图为凯瑟顿麝香葡萄茶，右图
为罗纳菲特的大吉岭夏金茶，虽
然二者都属于夏茶，但由于生产
的茶园不同，茶叶的大小、颜色
和整体的感觉都不同。

从左至右分别为春茶（Badamtam）、夏茶（吉
赛尔）、秋茶（Rohini），将叶底和茶水摆放
在一起观察的话，很明显地可以看出三者之
间的差异。图中的茶水和叶底并不是唯一标
准，但大致知道三种茶的差异对学习茶叶也
是有帮助的。

　　　　　　　　第二部　寻找产地

岭春茶了。

　　安溪铁观音和乌龙茶，特别是中国台湾阿里山乌龙茶氧化程度很低，以强调茶香为主。喜欢这种茶的人也一定会喜欢大吉岭春茶的。

　　一天中什么时候喝什么茶？笔者推荐早上的第一杯红茶喝阿萨姆红茶和斯里兰卡红茶，下午或晚上可以喝大吉岭春茶。

🫖 Tea Time: 大吉岭七个小地区的茶园

东大吉岭

Arya、Chongtong、Dooteriah、Kalej Valley、Lingia、Marybong、Mim、Orange Valley、Pussimbing、Risheehat、Rungmook & Cedars、Tumsong

西大吉岭

Badamtam、Bannockburn、Barnesbeg、Happy Valley、North Tukvar、Pandam、Phoobsering、Rangaroon、Rungneet、Sington、Tukvar、Vah Tukvar

北可颂

Ambootia、Balasun、Dilaram、Margaret's Hope、Moondakotee、Oaks、Ringtong、Singell、Spring Side

南可颂

Castleton、Gidhapahar、Goomtee、Jogmaya、Jungpana、

Longview、Mahalderam、Makaibari、Monteviot、Nurbong、Selim Hill、Seepoydhura、Sivitar、Tindharia

米瑞科

Gayabari、Gopaldhara、Okayti、Phuguri、Seeyok、Singbulli、Soureni、Thurbo

栾邦山谷

Avongrove、Chamong、Dhajea、Nagri Farm、Selimbong、Sungma

提斯塔河谷

Ambiok、Gielle、Glenburn、Kumai（Snowview）、Lopchu、Mission Hill、Namring、Runglee、Rungliot、Samabeong、Soom、Teesta Valley、Tukdah

第七章
尼尔吉里

1. 尼尔吉里，南印度的青山

　　倒三角形的印度最南端分布着两个邦，东边为较为宽广的泰米尔纳德邦，西边为狭长的喀拉拉邦。离喀拉拉邦的港口城市科泽科德（旧名为卡利卡特）不远的东边内陆上有邦界限，界限另一边则为尼尔吉里，即尼尔吉里隶属泰米尔纳德邦，与喀拉拉邦相邻。

　　尼尔吉里属于热带高原地区，是印度南端青山山脉的一部分。印度由 28 个邦组成,如果将印度的邦比作韩国的道（行政区），尼尔吉里就相当于郡。

　　尼尔吉里的茶园分布在古努尔（Coonoor）、古德洛尔（Gudalur）、Kothagiri、Kundah、Panthalur、Udagamandalam（又称 ooty）这六个地区。

　　尼尔吉里拥有利于树木生长的完美气候，茂盛的丛林、热带雨林、雾气缭绕的山谷、阳光明媚的高原、一望无际的草原、众多河流和小溪流，多种多样的地形也使树木更加茂盛。

这里也是印度风景最好的茶叶生产地。和阿萨姆或大吉岭进行比较的话，差异十分明显。

　　阿萨姆属于平原地带，所以茶园也大多分布在宽广的平原上。大吉岭的茶园基本上分布在坡度缓和的山梁上。尼尔吉里地势较高，茶园大多被开垦在树木丛生的密林间。尼尔吉里也曾在1835年尝试栽种过中国种茶树。但正式出现茶园是在19世纪50年代后期之后，与北方大吉岭和阿萨姆的发展速度类似。

　　现在，尼尔吉里栽种的茶树有80%都是阿萨姆种。一年两次雨季使这里雨、旱季分明，也使茶叶的味道具有明显的特点。这种热带气候与斯里兰卡的气候有些相似，相比阿萨姆和大吉岭茶，尼尔吉里茶叶的味道也更接近斯里兰卡茶叶的味道。

　　人们很喜欢用尼尔吉里红茶制作冰红茶的原因就是它不会产生乳化现象。

　　乳化现象，是指泡好的茶冷却后会变浑浊。但历史上，阿萨姆种茶树曾是制造茶叶的国家茶叶品质最高的象征。因为他可以和多酚等一部分茶的成分相结合，但不会对茶叶的味道造成太大的影响。尼尔吉里红茶因为从不或很少出现乳化，所以常用来制作冰茶。

　　虽然一年之内都可以采摘茶叶，但最好的季节是在头年12月至第二年3月。这段时间内生产出来的茶常被称为霜茶（Frost Tea）。在这段时间内，稍不注意的话，霜降就会对茶树造成危害。但这样的天气下生产出来的尼尔吉里红茶带有独特的水果香和花香，被看作香味很好的茶叶。也许是因为天气过冷，所以在加工过程中萎凋速度和氧化速度都减慢了，

尼尔吉里的遮阴树种植得并不像阿萨姆那么密集。
遮阴树在风中飘扬、树叶散发着银色的光芒，十分美丽。

密布在尼尔吉里山梁上的茶地

茶叶的味和香也就变得更丰富了。

但笔者认为尼尔吉里红茶的味和香还不够稳定。观察自己拥有的六种单一茶园茶和一种混合茶，发现这些红茶的味道之间差别很大。

尼尔吉里地区以生产传统红茶而有名的茶园主要有：Craigmore 茶园、Kairbetta 茶园、Korakundah 茶园、Nonsuch 茶园、Parkside 茶园、Glendale 茶园、Havukal 茶园和 Thiashola 茶园等。其中 Thiashola 茶园建于 1859 年，是尼尔吉里最早的茶园，历史最悠久。

这些茶园生产的茶中，有的茶展现出与大吉岭春茶不同的魅力。根据笔者的判断，有的茶拥有卓越的香和味，品质也比大吉岭茶好；有的茶品质有所下降，喝的人也会有所感觉。(针对该茶园生茶的评价将会在本章的最后一部分进行总结。)

尼尔吉里每年的茶叶生产量约为 20 万吨,占印度总茶叶生产量的 25%。虽然尼尔吉里红茶产量很大,但由于大部分红茶采用 CTC 生产,所以这里的红茶其实缺少了一点存在感。再加上受历史和地理的影响,知名度也没有阿萨姆红茶和大吉岭红茶那么大。

印度有六个主要的茶叶拍卖地。除阿萨姆的古瓦哈蒂、大吉岭的西里古里、加尔各答外,剩余的三个都集中在这里。其中,哥印拜陀(Coimbatore)和古努尔位于尼尔吉里,科钦(Cochin)位于慕那尔(Munnar)地区。这样便可以猜测到该地区茶叶产量之大了。

CTC 茶叶的品质较为统一,一般不会标注原料的生产地。且主要用于制作茶包和速溶茶,价格低廉且竞争力大。再加上近年来除肯尼亚外,越南、阿根廷等新兴茶叶生产地的相继出现,价格竞争更是愈演愈烈。

因此,和阿萨姆的茶叶生产者类似,尼尔吉里地区的茶叶生产者逐渐转向生产传统茶叶。不仅如此,尼尔吉里地区有机茶的生产量也有所增长,并致力于向西方出口。

慕那尔

尼尔吉里南部有另外一个大规模茶叶种植区。从喀拉拉的港口城市科钦出发向内陆行驶几个小时,密林逐渐出现。沿着密林边的道路上山,很长时间后便可看到慕那尔。慕那尔虽然在韩国不是很出名,但它却是与尼尔吉里相当的大规模茶叶产区。

电影《少年派的奇幻漂流》中曾出现过主人公小时候短暂地在慕那尔茶地的场景，真实的慕那尔茶地与电影中一样美丽。笔者在住宿的酒店中远远地还可以看到电影中主人公寻找的那座教堂。电影中茶地的场景大部分是实景，但教堂边美丽的小溪是电脑后期合成的。笔者住宿的酒店处于茶地中央，风景十分美丽。如果有机会的话，真想再去一次。

慕那尔生产的红茶90%都供应给了塔塔（TATA）集团。塔塔集团是印度最大的集团公司。其下属公司塔塔汽车收购了韩国的第二大重型卡车制造商大宇商务汽车公司，因此韩国人对塔塔集团也比较熟悉。塔塔集团于1983年开始进入茶叶产业。1992年塔塔茶叶公司与英国泰特莱茶叶公司（Tetley tea）合作。2000年正式收购英国泰特莱集团。

泰特莱现在作为塔塔集团全球饮料公司（TaTa Global Beverages）的子公司已经成为世界第二大全球茶叶品牌供应商和物流公司，在英国和加拿大排名第一，在美国排名第二。2000年泰特莱以4.32亿美元的价格被收购，成为印度历史上最大规模的外国公司收购案。

泰特莱于1837年成立，1953年第一次向英国引进茶包。纵观英国的历史便可知道，泰特莱被印度人收购在印度历史上可称得上是一次伟大的事件了。

有关南印度的随想

尼尔吉里西边临近阿拉伯海的地方有一座港口城市——科泽科德。科泽科德是达·伽马绕过非洲最南端好望角第一次到达的地方，过去称之为"卡利卡特"。当时欧洲人前往印度的最大目的之一便是寻找香辛料。南印度喀拉拉邦盛产各种香辛料。

要想从科钦到达慕那尔茶地
必须要通过密林

慕那尔地区的茶工厂
外形与斯里兰卡的茶工厂十分相似

远远地看到曾经出现在电影中的教堂（左图）
茶园中的酒店（右图）

Main mode of transport in High Ranges - Horse (19

慕那尔的茶博物馆。还有整理好的有关测试茶叶过程的图表。博物馆导游还会向游客介绍有关茶叶的加工过程。如果只看茶叶，理解起来是比较困难的。

　　虽然达·伽马最先到达的地方确实是卡利卡特，但为了便于葡萄牙进行贸易，达·伽马最终将离慕那尔较近的科钦作为了贸易基地。据说达·伽马就是在科钦去世的，去世后暂且安置在当地的教会内，最后转移到了里斯本。

　　在离开印度那天的晚上，笔者前往了曾经安置过达·伽马的圣弗朗西斯教堂所在的默丹杰里（Mattancherry）地区，那里作为游客常去的景点，到处都有纪念品商店。教堂淡褐色的外观上，到处都留有历史的痕迹。

　　教堂正面朝向大海，距阿拉伯海不到 100 米。日落时，海边到处可以看到聚在一起的一个个家庭的老老小小和情侣们享受夕阳的样子。还有每次谈到南印度时都会提及的形状特殊的捕鱼网密布的海岸。

　　在阿萨姆时，由于没有亲自接触到布拉马普特拉河的水很遗憾地离开，因此这次特地去沾了沾海水。看着逐渐暗下

无论是哪里，孩子们总是那么活泼开朗。他们似乎是乘坐这种三个轮子的车上下学。结果我们也像图中一样乘坐了三轮车。

来的阿拉伯海，脑海中闪过各种想法：500 年前葡萄牙人第一次跨越这片海来到这里，开始进行贸易，将欧亚连接了起来，随后包含印度在内的亚洲渡过了动荡的 500 年。不知是不是因为长时间旅行的劳累让自己变得有些软弱，想到几个小时后就要乘坐飞机离开这里，相比于可惜，心中更多的是即将回到家见女儿的高兴之情。

2. 尼尔吉里红茶

整体评价

笔者评价的尼尔吉里红茶包括 Kairbetta 茶园、Korakundah 茶园、Nonsuch 茶园、Glendale 茶园、Havukal 茶园和 Thiashola 茶园等生产的单一茶园茶和某红茶公司生产的名为"尼尔吉里"的加味茶。（只用尼尔吉里红茶制成的加味茶并不常见，

晚霞映照下的阿拉伯海岸边，一家人正在愉快地玩耍着

只有一家茶叶公司生产，这里暂不提及茶叶公司名字。）

整体来看 Havukal 茶园、Glendale 茶园和 Kairbetta 茶园生产的茶叶品质出众。尤其是 Havukal 茶园，该茶园生产的茶叶为最上等的尼尔吉里茶叶。

除此之外，Korakundah 茶园、Nonsuch 茶园、Thiashola 茶园的茶叶和尼尔吉里混合茶让人很失望。虽然除 Kairbetta 茶园生产的茶为碎叶茶外，其他的茶叶均为整叶茶，但在评判尼尔吉里红茶的味和香时，很多都不符合优质茶的基本标准。

但即便如此，这些茶也都有各自的特色。不管怎样，不能因为现在这些茶与自己的期待有所偏差就给予这些茶园不好的评价。

Korakundah 茶园、Nonsuch 茶园、Thiashola 茶园的单一茶园茶长期以来受到人们的好评，也一直通过有名的红茶公司进行出售。茶叶味道有所偏差既是单一茶园茶的优点，也是它的缺点。当然想要不断地减少偏差还得依靠茶园的实力。

Havukal 茶园或 Glendale 茶园也会生产出令人不满意的茶叶。上文也有所提及，尼尔吉里地区现在正在从生产 CTC 向生产传统红茶转变，因此茶叶品质可能还不太稳定。但对优质尼尔吉里茶叶怀有期待并等待总是好的。

单一茶园红茶

（1）福特纳姆和玛森

Havukal 茶园 SFTGFOP1

尼尔吉里单一茶园茶并不容易购买得到。笔者在 2013 年 8 月前往伦敦和巴黎时买了五种单一茶园茶。和

阿萨姆、大吉岭不同，尼尔吉里对茶叶的等级并不会进行严格的标记。福特纳姆和玛森公司销售的 Havukal 茶园的尼尔吉里茶上标有"SFTGFOP1"的是很少见的。

归国后，打开装满红茶的旅行箱，最先拿出来品尝的就是尼尔吉里 Havukal 茶园生产的茶叶。干燥的茶叶的颜色并非深褐色，中间还混合着少量绿色茶叶。如果没有绿色的叶子，它和云南红茶十分相似。这种茶虽然被归为 SFTGFOP 等级，但茶叶本身却没有此等级优雅的气韵,也没有金色茶尖,笔者认为至多也只能被评为 FOP 级。但茶叶本身散发出的新鲜、香甜的香味很不一般，闻着这种意料之外的香味我压抑内心的兴奋倒着滚烫的水。

滚烫的叶底散发着尼尔吉里特有的淡淡的甜香。茶叶的水色也是金黄的琥珀色，味道则非常甜美，萦绕口中。这样的味道是绝对无法用人工加工出来的。

叶底大小不统一，揉捻程度也较低。茶叶中还含有很多较大的茶叶和枝干。很多叶底上还散发着绿色光泽，由此可见茶叶的氧化时间也很短。

仔细观察可以发现，图中前后茶叶的颜色是不同的。前面已经采过叶了，而后面的新叶还在生长。

制作高级茶叶进行嫩采时只采摘图中最靠上的三片叶，粗采（Course Plucking）则会将五片叶子全部采摘掉。

采叶过后的茶树树枝　　剪切后的树枝上长出了新芽　　　　　新芽长成了新叶

第七章　尼尔吉里

笔者在福特纳姆和玛森公司的主页上了解到，Havukal
茶园 SFTGFOP1 是稀少珍贵的尼尔吉里茶之一，用无性
系茶树的茶叶制成，茶叶散发的香味被称作 CR-6017。
此外茶叶生产的时间在尼尔吉里红茶的味和香最优质的
12 月至翌年 2 月之间。（与商店不同，主页上这种茶被称
为"Nilgiri Havukal Special Muscatel"。）

虽然销售茶叶的公司对自己产品的评价并不完全准
确，但至少 Havukal 茶园 SFTGFOP1 的相关介绍和评价
不是太夸张。

（2）川宁

Glendale 茶园

如果只看 Glendale 茶园生产的茶叶的外形的话，真
的不会对它有什么期待。茶叶像刚杀青完一样粗糙，揉
捻也像进行了一半便停止了似的。茶叶颜色为淡绿色中
混合着艾灰色，仅凭颜色很难将其看作红茶。从外形上
还可以看出这种茶氧化程度较低。

但是，这种茶叶的香味独特，清新、香甜，你是无
法在其他地区生产的红茶中闻到这种味道的，至少笔者
是没有过。水色则与乌龙茶的水色相似，其中尤其与铁
观音的水色相似，为淡金黄色，十分优雅。

茶叶的味和香基本上是一致的。滋味适当且十分柔
和，完全没有一般红茶的涩味。笔者在伦敦的川宁茶叶
店中买到了这种茶，味和香很难与之前所了解的尼尔吉
里红茶联系起来。

叶底基本上完整无缺，由此可知这种茶叶几乎没有

进行揉捻。如果只看叶底的话，很容易将其错认为乌龙茶。从叶底呈淡绿色这一点也可以看出茶叶的氧化程度十分低。

很多尼尔吉里茶园意识到 CTC 茶叶生产和销售有局限，于是开始向生产传统红茶转型并进行各种尝试。笔者在想，Glendale 茶园的尼尔吉里茶会不会也是其中一种尝试得到的结果呢？正如包装纸上写着的"Batch Number B303"，或许这种独特的味和香正是源于 Batch（批次）。

如果红茶也可以像红酒一般，储存时间越长味道越醇香的话，笔者很想将其保管起来，过很长时间后再拿出来饮用。但本人还是担心时间一长，红茶的味和香会逐渐消失，一想到这里就感到十分遗憾。

如今尼尔吉里生产的红茶早已不仅仅是我们所知的味和香了，它们的范围越来越广，因此本人每次都会对新的尼尔吉里红茶充满期待。

第八章
斯里兰卡
红茶

1. 斯里兰卡，华丽的红茶世界

笔者曾听过这样的一句话："红茶的另一面是悲伤的。"
这句话暗示了优质的红茶背后有着无数劳动者悲伤的故事。
不仅是茶叶劳动者，很多生产茶叶的国家也有着同样沉痛的
历史。其中包括印度、中国、肯尼亚、印度尼西亚和斯里兰卡。

斯里兰卡从 1500 年起就开始被葡萄牙、荷兰和英国殖
民。每个国家大约控制了斯里兰卡 150 年，共 450 年，直到
1948 年才独立。1505 年被葡萄牙侵略，1658 年又被荷兰殖民，
1796 开始部分受英国统治，1815 年起完全被英国殖民，直到
1948 年结束。即便是独立后，受到长期殖民统治的影响，国
内仍旧很不安定。

1972 年，锡兰正式改名为斯里兰卡，但生产的红茶仍旧
被称为锡兰红茶。过去，斯里兰卡对于笔者来说并没有什么
存在感，也没有什么吸引人的东西。直到很久以前看到"红
茶之梦——锡兰茶"的广告词才渐渐将锡兰和红茶联系起来。

在红茶的世界中，斯里兰卡是很重要的红茶大国。在过去的150年间，印度和斯里兰卡是红茶界的引领者。斯里兰卡是一座位于印度以南的小岛，距离印度90公里。小岛长430千米，宽220千米。这座小岛生产红茶的历史排第二，位列印度之后，茶叶出口量也是数一数二的。尽管现在斯里兰卡的茶叶生产量和出口量已被肯尼亚超越，但其传统红茶的生产量和出口量仍排在世界第一位。

博物馆中陈列的斯里兰卡的旧地图。下方用黑线圈出的地区就是茶叶种植区。并没有标记现在的拉特纳普勒（Ratnapura）和加勒（Galle）。

斯里兰卡红茶的历史与咖啡树的悲剧是同时开始的。虽然种植咖啡树是从荷兰殖民统治时期开始的，但很明显咖啡树成为商品性农作物是从英国统治时期开始的。1830年前后，英国快速地开垦密林建立咖啡农场。当时开垦咖啡农场的地方便是今天数一数二的红茶生产地，包括顶普拉（Dimbula）、康提（Kandy）、努瓦拉埃利亚等。

英国通过咖啡产业赚了很多钱。但1869年起，咖啡锈病在整个岛上蔓延开来，大部分农场都被烧成焦土。但不幸中的万幸是，自此锡兰岛上正式开始种植红茶。

斯里兰卡1824年引进中国种茶树的种子，1839年引进阿萨姆茶树的种子，并在康提的佩拉德尼亚（Peradeniya）和努瓦拉埃利亚进行了试栽培。但正式的研究始于19世纪60年代。英国人詹姆斯·泰勒（James Taylor）被誉为斯里兰卡红茶之父，

斯里兰卡的茶园遍布满山。
顶普拉茶园

1860 年，他正式在康提附近的鲁勒堪德拉茶园（Loolecondera）中种下阿萨姆茶树种子，开始进行研究。这才是斯里兰卡红茶的起源。

1875 年最后一轮咖啡树锈病蔓延至整个农场，咖啡树全部被砍掉了。在原来种咖啡树的地方种起了茶树，茶园逐渐壮大起来。虽然这里文字记载的过程比较简单，但实际上斯里兰卡在整个咖啡产业没落和茶产业步入正轨期间遭受了巨大的经济损失。很多咖啡农场被闲置后以低价卖出。被称作红茶之王的托马斯·立顿就于此时发家。当时他大量收购锡兰岛上便宜的茶园，用自己的商业手腕，让英国的国民认为整个锡兰都是自己的茶园。

斯里兰卡红茶的特征

斯里兰卡一年 365 天都在制造茶叶，这在茶叶生产国中是很少见的。因此斯里兰卡红茶并不像阿萨姆和大吉岭等大部分茶叶生产地一样根据季节对茶叶进行分类，而是根据茶树所在的海拔高度进行分类。

不同海拔高度的地区土壤成分不同，加之光照和降水、风量及风向等变化多端的气候因素作用，茶树所处高度不同，生产出的锡兰茶的味和香也有明显的差异，种类十分多样。在海拔相同的地区，也会有某个时期内生产出的茶叶品质尤为优质的情况，这样的茶被称作"Seasonal Quality"。Seasonal Quality 受到那个时期那个地区独特的温度、湿度、风力等影响。

乌瓦茶（UVA）便是受气候影响较大的茶叶之一。每年 6 至 9 月干燥风大，这时生产出的茶叶品质较好，尤以 8 至 9 月生产的品质最佳。锡兰岛形似水滴，上窄下宽。茶叶种植区主要集中在西南边。锡兰岛西南地区被群山一分为二，茶园密布在东西两边倾斜度不同的山坡上。

1至5月，山的西边气候干燥，生产的茶叶品质较好，而此时东边则处于雨季。相反6至10月，东边生产的茶较为优质，西边处于雨季。气候和地形的微妙组合对茶叶生产产生了很大的影响，斯里兰卡就是这样一个风土神秘的国家。

根据海拔高度，可将茶叶生产地分为五部分。每个地区生产的茶叶都各有特色。一般，海拔较高的努瓦拉埃利亚、乌瓦和顶普拉地区生产的茶叶品质较好，但最近海拔较低的地区生产的红茶也逐渐受到好评。

努瓦拉埃利亚、乌瓦、乌达普沙拉瓦（Uda Pussellawa）和顶普拉处在高地（high-grown）地带，海拔都在1200米以上；康提处在600至1200米之间的中段（medium-grown）地带；卢哈纳（Ruhuna）则位于海拔600米以下的低地（low-grown）地带。乌达普沙拉瓦地域狭小，一般被包含在乌瓦地区内。虽然过去人们对低地茶的评价并不高，但由于最近低地茶品质大有改善且特色鲜明，也逐渐受到人们的好评。这些地区

努瓦拉埃利亚地区有名的佩德罗茶园

也不是严格按照海拔高度区分的，乌瓦和顶普拉就处在中高地带的过渡区。

要想准确地描述红茶的味道是很困难的，因为每个人对茶叶味道的感觉是不同的。味道可以说是舌头上的味蕾感觉到的物质分子，也可以说是包含过去记忆和经验的大脑的反应。面对同样的一杯红茶，不同的人的感受是不同的，甚至还会受到过去记忆的影响，对其有所偏爱或厌恶。笔者每次在喝同样的茶时，感觉也不是完全相同的。因为自己的心态和身体状况不同，感受也会不同。另外，人们对味道的感知能力天生就有所不同。

也会有一些固执的人认为茶叶就该有其特定的味道，但笔者认为茶叶并不是工厂中生产出来的商品，怎么可能总是散发出完全相同的味道呢？

因此笔者在描述茶叶的味道时，仅仅会描述大部分人都能品尝出的共同的特征，各位读者也不要受到笔者文字的束缚，要亲自去感受，那才是红茶真正的味道。

笔者在到达佩德罗工厂时，茶叶称重已经结束。场面一片狼藉，几个女茶工在整理散落在地上的茶叶

许多红茶专家将不同地区的茶叶的味和香进行了如下分类：斯里兰卡的红茶分为果香和花香，大吉岭的红茶为花香，阿萨姆红茶的味道涩而浓。如果仔细研究的话，这样的分类并不合适。但这种分类可以作为参考，大体上区分茶叶的种类。

　　锡兰茶也具有区别于其他茶的特征，但正如前面所说，不同海拔地区生产的锡兰茶也有其自身的味道特征。

海拔不同　特征不同

　　努瓦拉埃利亚、乌瓦和顶普拉的茶树生长在海拔为1200至2000米的地区，这里生产的茶叶一般被认为是锡兰最为优质的茶。因为这些地区海拔高、温度低，茶树生长较慢，香味也比较浓缩。努瓦拉埃利亚茶虽然看起来一般，香味为花香，水色也是干净的金黄色，但茶却具有非凡的气韵。乌瓦茶味道较浓，香味为柔和优雅的薄荷香。

　　中段茶的香和味都很纯净、口感适中。代表茶叶为顶普拉（中高地过渡地带）茶叶，是锡兰茶中历史最为悠久的茶叶。泡好的顶普拉茶干净透亮、香味强烈、味道较浓。顶普拉地区有很多茶园，凯尼尔沃思（Kenilworth）、柯科斯沃尔德（Kirkoswald）和萨默塞特（Somerset）茶园生产的单一茶园茶尤为值得品尝。

　　低地茶主要栽培在斯里兰卡西南地带的拉特纳普勒到加勒之间，海拔低于600米。低地茶的产量占斯里兰卡茶叶总产量的一半左右。虽然味道不如高地茶细腻醇和，但适当的厚重感和滋味也很吸引人。笔者比较喜欢迪尔玛的加勒低地茶（Galle District OPI）。虽然味道不够成熟，但柔和又略微涩的味道也很有魅力。玛利阿奇兄弟的低地红茶拉特纳普勒橙

康提的锡兰茶博物馆中陈列的有关立顿的资料

　　　　　　　　　　　第二部　寻找产地

白毫（OP）与一般低地茶不同，干燥的茶叶香味浓郁，泡好的茶的味道也十分醇和，茶叶也很粗壮。

斯里兰卡红茶的现状

1875 年斯里兰卡咖啡树遭锈病侵扰，农场被闲置。当时的英国红茶巨头托马斯·立顿以其卓越的商业直觉低价购买了斯里兰卡大量的废弃农场。托马斯·立顿为以最少的费用生产最多的茶叶，引进了生产茶业的机器。同时为了吸引消费者，还对茶叶的包装进行了改善。

立顿的营销策略之一是让英国人觉得整个斯里兰卡都是自己的私人茶园，最终他不仅赚取了巨额的利润，还获得了红茶之王的称号。从那时起，锡兰开始正式生产红茶，锡兰红茶逐渐成名，锡兰也被烙上了红茶生产地的符号。19 世纪末，印度茶叶市场最大的竞争者并非中国，而是斯里兰卡。20 世纪初，斯里兰卡与印度的阿萨姆和大吉岭成为世界上三大茶叶主要生产地。

斯里兰卡主要生产传统红茶。出售的红茶中有单一茶园茶，也有根据地区进行分类的单一产地茶。而且这里的茶叶不仅用来生产高级红茶，生产混合茶时也会用到。锡兰茶曾经作为 "the cup that cheers"（让心情变愉悦的红茶）在英国销售。生产时，锡兰茶对英国优质混合茶的味道、颜色和优雅感都起到了锦上添花的作用。

世界上大部分红茶都是以茶包的形式出售的。CTC 红茶生产费用低，茶叶的味道也没有太大的差异。很多茶叶生产者和名牌茶叶公司对茶包的需求急剧增长，巨大的 CTC 市场也逐渐形成。对于茶叶生产者和名牌茶叶公司来说，制造茶包时，茶叶的价格远比其产地重要。

1993年至1994年间，斯里兰卡也曾依靠政府的支援向CTC红茶产业转型，但以失败告终，又重新开始生产传统茶叶。但一部分海拔较低的地区也会生产CTC茶叶提供给高级茶包的生产者。CTC茶叶的年生产量约占斯里兰卡茶叶总产量的10%。

斯里兰卡生产传统茶时，主要摘茶树的"一芽二叶"，因此生产费用很高。茶叶生产者们为了获取更多利益只能改革。主要生产单一茶园茶的茶园都有各自的加工秘法和配方。从茶树品种到采叶、萎凋、揉捻、氧化和干燥，各个茶园的生产过程都有所不同，最终也使红茶的品种更加多样。

斯里兰卡生产的优质红茶大部分用于出口。除以生产CTC红茶为主的印度和肯尼亚外，斯里兰卡传统红茶的出口量排在世界第一位。许多茶叶生产者也在不断地为提高斯里兰卡红茶的价值而努力，他们不再单纯地出口散装茶叶，而是将茶叶制成加味茶、叶茶和茶包再出口。

不仅如此，很多茶园为应对多变的世界茶叶市场，也开始生产绿茶、白茶和有机茶。其中，斯里兰卡生产的白茶也得到了相当高的评价。

斯里兰卡游记

2012年笔者去斯里兰卡的时候看到的茶园几乎都在山上。虽然也有平地，但也是山和山之间的一点平地。低一点的山上茶园密布，在我们通过山谷时，对面的山梁上也都是茶园。从康提到努瓦拉埃利亚和从努瓦拉埃利亚到顶普拉的路上也都是茶园。

在斯里兰卡的山上和溪谷
随处可见的茶地
采茶人正在采摘茶叶

第八章　斯里兰卡红茶

远处茶园里的茶厂，
斯里兰卡茶园里到处都有茶厂

采叶、选叶和称重的场景，
这个小组成员均为男性。

茶园中处处种着野生薄荷和桉树，大树可以用于阻挡强光。阿萨姆种植的遮阴树十分密集，几乎为茶树阻挡了全部的强光，而斯里兰卡的则显得稀松了很多，这些树能否真正发挥作用都是个疑问。

茶园里建有很多茶厂，外形相似，多为银色四层建筑。工厂内部的构造都是相同的，所以外形相似也是很自然的了。这里几乎所有的茶园都有自己的茶厂。笔者曾在顶普拉的某个地区的同一个地方同时看到三家茶厂。

笔者参观过的茶厂生产的茶主要以 BOP（Broken Orange Pekoe）等级的茶叶为主。像大吉岭等传统红茶生产地大体上将干燥后的茶叶按照叶片大小分为整叶、碎叶、茶末和茶粉。笔者去的两家工厂都是从刚开始就生产碎叶茶的，即在萎凋后就粉碎茶叶。这样做也可能是因为考虑到采叶的时间、茶叶的生长状态和市场需要。

全世界有95%的红茶都是以茶包的形式被消费的，可见整叶红茶的需求之低。用传统方式生产的茶叶中碎叶茶的需求是最大的。事实上，在斯里兰卡，人们喝的茶基本上都是碎叶茶。不仅如此，斯里兰卡生产的红茶也基本上都是碎叶级红茶[1]。

一般人们认为采摘茶叶的人都是女性，但笔者也有见到完全都是男性的采茶组。采摘茶叶，将茶叶放入篮子中称重，拣掉混在茶叶中的树枝，这些事都由男人完成。

据说当地男女不能一起工作。这是为了预防发生意外事情。

斯里兰卡的道路状况并不是很好。尤其是茶园密集的山

---

[1] 斯里兰卡红茶的等级在第二十四章《了解红茶等级》中也有介绍。

美丽的努瓦拉埃利亚的建筑和我们留宿的酒店

区，道路更不平整，灰尘飞扬。靠近道路两边的茶树上也覆盖了厚厚的尘土。路边的遮阴树上还挂着写有"Buffer Zone 5M"的木牌。意思是距离道路五米以内的茶树不在采叶范围内。

　　笔者在努瓦拉埃利亚停留了两天。第一天住的酒店是一家茶厂酒店，位于茶地里，是一座由以前的茶厂改造而成的五层建筑。虽然规模不大，但却很优雅、很高级。酒店内的电梯就像电影中出现的电梯一样，电梯门由两片铁网构成，乘坐电梯上下还可以看到酒店每层的景象，有点像古董电梯。地下运转电梯的铁轮的直径比笔者的身高还长。

　　客房的数量也不多，但大家都像我们一样静静地享受这种气氛。笔者好像成为了贵族，有一种被接待的感觉。环顾四周，周围都是茶地，坐在酒店前的草地上一边看日落一边品尝美味的红茶……大家可以想象一下。

　　努瓦拉埃利亚过去并不属于斯里兰卡，还有自己的总统、首相府邸，建筑也基本上是欧式建筑，像一个小欧洲一样。海拔高的地方还有英国人建的人工湖。但是努瓦拉埃利亚虽然风景很美，但和这个国家的现实差距太大了。

第八章　斯里兰卡红茶

曼斯纳（Mlesna）经营的 Tea Castle St. Clair 商店

离开努瓦拉埃利亚后，笔者看到了萨默塞特茶园，还在那里的茶中心品尝了茶叶。后来又经过了凯尼尔沃思茶园。来到了平常喜欢喝的茶的生产地，感觉到自己真正来到了斯里兰卡。

从康提到努瓦拉埃利亚时还会经过 Melfort 茶园，笔者因为在去斯里兰卡时在新加坡机场的哈罗德茶叶店中购买了 Melfort 茶园的 FBOP 级的茶，所以留意到了。Melfort 茶园生产的单一茶园茶也是带有淡淡的薄荷香的优质茶。

离开努瓦拉埃利亚经过顶普拉地区，最后到达的地方是斯里兰卡的红茶品牌曼斯纳（Mlesna）经营的 Tea Castle St. Clair 商店，商店中可以买到茶和茶具。它不仅仅是普通的商店，更像是一家专为曼斯纳做宣传的商店。不仅茶叶优质，茶具也很精美。

穿过山谷后，眼前出现一片瀑布，风景极佳。附近的建筑似乎也是刚建不久。建筑外有一个巨大的俄式茶壶。一层入口处还有詹姆斯·泰勒的肖像，这足以体现詹姆斯·泰勒在斯里兰卡茶叶历史上的地位。

康提是斯里兰卡的一座内陆城市，也是过去王国的首都。在康提与茶相关的两个地方值得一去。一是 Hantane2002 年开放的锡兰茶博物馆。博物馆与茶地里的银色的建筑物相同，也是由茶厂改造而成的，共有五层。

博物馆内还原了过去工厂的茶叶生产系统，展示了很多当时使用过的机器，对了解过去历史有一定的帮助。博物馆内还收藏有詹姆斯·泰勒的资料和有关茶园开垦初期的记录。

另外一个值得去的地方是佩拉德尼亚植物园。植物园本

佩拉德尼亚植
物园

佩拉德尼亚植
物园

身很大，还有很多生长在赤道附近的神奇的树，在韩国是看
不到的。和茶叶有关又极具意义的是，詹姆斯·泰勒曾在这
里进行过茶树的栽培试验，最后在此植物园内培育出了茶树。

离开的前一天晚上，笔者在科伦坡海岸边的一家饭店内
一边听着波涛声，一边吃了晚餐。很巧的是，第一天在尼甘
布住宿的酒店和最后一天在科伦坡住宿的酒店都在海岸边。
眼前的海位于斯里兰卡的西海岸，也是印度洋的一部分。与
韩国的海不同，这里的波涛更为猛烈。笔者在想，位于印度
洋上的斯里兰卡海岸是否总是这样波涛汹涌。

康提的锡兰茶博物馆

博物馆内收藏的有关詹姆斯·泰勒的剪报和雕塑。詹姆斯·泰勒可以称得上是斯里兰卡的红茶之父

过去 500 年间受到西方势力影响的历史是否也如那波涛一般汹涌？一周来，Samant 担任我们一行人的司机兼导游，他很高很帅，人也很稳重。深夜，与他告别后我们离开了斯里兰卡。

2. 斯里兰卡的红茶

混合红茶

（1）哈罗德

锡兰 NO.16

锡兰 NO.16 是哈罗德代表性混合红茶之一，在它的茶罐上写有以下的内容：

该茶的茶叶采自生长在顶普拉中高地地区的茶树，采摘时间为 8 月和 2 月。茶香为香甜细腻的花香，泡过的水色呈琥珀色。

顶普拉是斯里兰卡最著名的茶叶生产地，位于斯里兰卡中央山脉的西侧，海拔高度为 700 至 1700 米。从努

瓦拉埃利亚出发向西部海岸前进就会路过此地。顶普拉的茶园分布在山谷和山坡上，茶园与密林、瀑布形成了绝美的风景。斯里兰卡的红茶之所以优质，很大程度上是受到海拔和气候的影响。顶普拉地区对茶叶影响最大的是风，生产出的茶叶色泽明亮，香味和滋味多样。

干燥后的锡兰 NO.16 茶叶形状较为特别。就像用冰激凌勺舀一半冰激凌后直接被干燥了一样，又好似一个空心的歪半球。深绿色又给人一种高贵感。

水色为浅红色或深琥珀色，散发着隐隐的香味。

与大部分混合红茶的叶底不同，锡兰 NO.16 的叶底散发着一股淡淡的清香。

尽管茶叶的滋味较淡，但下午的时候饮锡兰 NO.16，顿时心情就会舒畅很多。因此，笔者认为茶罐上写的内容还是较为准确的。

叶底虽然整体呈深褐色，但其中也混有少量淡艾灰色的叶子，这些叶子的氧化程度较低。

虽然有时在喝红茶时对红茶味道的感觉会比较模糊，但有时候也会有这样的感觉："对！这就是红茶的味道。"如果要挑选味和香最为柔和的混合红茶的话，哈罗德的锡兰茶是首选。这也是笔者最想推荐给初次接触红茶的人的红茶之一。

（2）迪尔玛

极品锡兰毛尖（Finest Ceylon Tippy）FBOPF

迪尔玛红茶公司销售的一些茶叶的茶罐上印有小写英文字母"t"，这些茶属于该公司推出的"t系列"产品。

其中有一种茶叶被定义为 VSRT
级茶叶，被称为"Very Special Rare
Tea"（极其稀有的茶）。尽管这
可能也只是公司的一种营销策
略，但该茶的品质确实配得上此
称号。

极品锡兰毛尖是笔者最初购
买的茶叶之一。不仅有高级的味
道，茶叶独特的外形还十分吸引人。

干燥的茶叶的厚度与塑料牙签的厚度类似，约为五
至八毫米。其间还混有少量的白色茶尖。

极品锡兰毛尖的水色为干净的红色，与阿萨姆单一
茶园红茶的水色一样。茶叶的味道为巧克力味，不甜。
这种香味的茶一般多少都有会有些涩味，但极品锡兰毛
尖却很柔和。

茶罐上提到茶叶被卷得十分牢固，而现实也是如此。
茶叶在用水泡后，叶底也仍然维持干燥时的形状。有的
叶底可以用手费力地展开，也有很多叶底本身就是茶枝。
像这样将茶叶卷得如此牢固，其中又掺有大量的茶枝的
茶叶并不常见。

虽然茶罐上的介绍没有提及，但极品锡兰毛尖
FBOPF 不仅具有斯里兰卡低地红茶的特征，还和加勒、
拉特纳普勒等红茶具有相同的味和香，虽然这些茶各自
也都有着不同的特征和魅力。

单一茶园红茶

高地茶

（1）罗纳菲特

英式早茶锡兰 FBOP

罗纳菲特的英式早茶由乌瓦高地茶园生产的单一茶园茶制成。它属于罗纳菲特高级蓝罐（现已变更为白色茶罐，2014 年 4 月购买的白色茶罐英式早茶上的说明已经用"乌瓦地区"代替原先的"乌瓦高地"）系列。此外，还有一种名为"English Breakfast St. James"的茶叶，它的名字来源于乌瓦地区的 St. James 茶园，茶叶的味和香也十分优秀。

乌瓦与顶普拉相反，它位于中央山脉的东边，海拔为 900 至 2000 米。因此 Seasonal Quality 的时期也有所不同。乌瓦的 Seasonal Quality 在每年的 6 至 9 月。乌瓦地区在这段时间内受东北风的影响很大。人们将这段时间的东北风称为 Cachan，Cachan 属于热风，且十分干燥。在被这样的风吹过后，茶叶滋味浓烈，并散发特有浓郁的薄荷香味。茶的水色为红色。顶普拉地区 8 至 9 月制造出来的茶价格最为昂贵。

乌瓦红茶的特征并不是仅仅因为当地的气候，还与加工

不仅干燥的茶叶较为杂乱（其中不仅有茶叶，还混有茶枝），叶底也是如此。

方法和茶树品种有关。只有选择适合当地气候的加工方法和茶树品种才能生产出优质茶。

为了使茶叶特有的味和香得以长期留存，生产者利用当地山区的低温，从凌晨1点就开始加工茶。该茶萎凋时间长、揉捻强度大、干燥的温度也相对较低，茶叶的味和香也不会在干燥时因高温而有所损失。

茶叶散发强烈的薄荷香。但外形不统一，有时还会

　　　　　　　　　　　　第二部　寻找产地

出现块状茶叶。整体呈亮褐色，混有少量金色茶尖。因此乌瓦茶可以很容易被辨认出来。最近，笔者购买了福特纳姆和玛森的一种手工揉捻茶，名为"Amba Uva-hand Rolled OP1"。乌瓦茶一般为碎叶茶，但一听到是手工揉捻制成的，感到很好奇就试着买了一罐。这种茶减弱了乌瓦茶特有的味道，而加重了类似云南传统棉花香的味道。由于是新研发出来的茶，比较稀少，所以价格很贵。但相比之下，笔者更喜欢原先的乌瓦茶。一些喜欢红茶的朋友也比较喜欢传统的乌瓦茶。

乌瓦高地茶园生产的乌瓦茶的茶水清澈，水色为浅红色，与阿萨姆红茶的水色相似，但乌瓦茶水色更浅一些。

乌瓦茶散发着薄荷香，如蒙蒙细雨一般隐约而细腻。味道也带有薄荷香。但这种薄荷香并没有薄荷口香糖那般浓烈。此外，乌瓦茶还带有一丝花香，是秋天朴素的花香。当滋味萦绕于口中，你就会觉得乌瓦茶有多么优质。如果红茶中存在贵族的话，那一定是指乌瓦茶。

（2）福特纳姆和玛森

情人的跳跃（Lover's Leap）

努瓦拉埃利亚是斯里兰卡海拔最高的地区，该地区生产的红茶受到的评价特别高，被称作斯里兰卡的香槟和锡兰的大吉岭。努瓦拉埃利亚生产的茶叶散发的花香清淡而香甜，茶水水色为亮金黄色。

为了了解努瓦拉埃利亚茶叶的味和香，笔者买来了罗纳福特的努瓦拉埃利亚橙白毫、迪尔玛的努瓦拉埃利

亚白毫和玛利阿奇兄弟的努瓦拉埃利亚橙白毫。都品尝过后，并没有发现哪种茶如上述所说那么优质。

努瓦拉埃利亚地区的主要茶园有：Inverness、Mackwoods/Labookellie、情人的跳跃和佩德罗等，但大部分红茶公司都是在生产努瓦拉埃利亚单一产地茶，很少生产单一茶园茶。只是偶尔会出售一些情人的跳跃茶园的单一茶园茶。

笔者购买的福特纳姆和玛森的情人的跳跃虽然没有明确地标明等级，但该茶的茶叶叶片较小，因此可以判断它是碎叶茶。

茶叶是由深褐色、浅褐色和亮褐色三种不同颜色的茶叶混合而成的。

水色是斯里兰卡红茶不常见的琥珀色水色，比大吉岭春茶的水色稍深。香味则是努瓦拉埃利亚茶特有的粗糙而香甜的花香。刚开始闻的时候，有一股砂纸的味道。但反复闻几次后，就会发现有一股隐隐的大吉岭春茶香甜而清新的香味藏于其中。因此本人便理解了茶叶专家认为努瓦拉埃利亚茶可以与大吉岭茶媲美的原因了。

叶底都是较小的碎叶，亮褐色中掺杂着一些浅艾灰色，由此可知它的氧化程度非常低。笔者猜测，这会不会就是情人的跳跃中含有大吉岭春茶新鲜香甜气味的原因呢？

上面提及的努瓦拉埃利亚单一产地茶和情人的跳跃单一茶园茶并没有明确的共同点。

对于情人的跳跃是否是因为碎叶级茶叶而更好地发挥了其特性我们也无从可知。

看到情人的跳跃茶园的名字，便可以知道这个茶园一定流传着一个动人的传说。相传，斯里兰卡的最后一个王朝康提王朝有一位王子和身份低微的侍女相爱，国王知道后便将王子派去打仗。为了躲避国王的命令，二人从茶园中的瀑布上一跃而下。为了纪念这对情人，人们便将这个茶园命名为"情人的跳跃"。

不知是不是因为营销策略比较好，一般为人所知的努瓦拉埃利亚单一茶园茶都是情人的跳跃，而努瓦拉埃利亚的单一茶园茶也都以情人的跳跃命名而进行销售。（有可能是只有情人的跳跃茶园生产单一茶园茶，也有可能是佩德罗茶园生产的单一茶园茶借用情人的跳跃的名字进行销售。）

中段茶

玛利阿奇兄弟

凯尼尔沃思 OP1

凯尼尔沃思是斯里兰卡具有代表性的茶叶生产地，顶普拉地区历史最为悠久的茶园之一。从努瓦拉埃利亚出发，西行最后到达顶普拉的西部地区，凯尼尔沃思就位于此地。海拔约为 700 米。相比努瓦拉埃利亚，凯尼尔沃思气候更加炎热潮湿。

凯尼尔沃思位于山脉西侧地区，Seasonal Quality 为干燥季——春季。相比高地茶乌瓦茶，凯尼尔沃思生产的茶叶萎凋时间较短。大多数情况下，这里的茶会像不同的斯里兰卡红茶一样通过高强度的揉捻制成碎叶级茶叶。不仅如此，进行完全氧化和干燥时的温度也比高地红茶要高很多。

玛利阿奇兄弟的凯尼尔沃思属于 OP 级，茶叶坚挺，散发着柔和的香味。

水色为干净的红色。在品尝该茶时，干燥的茶叶散发着的香甜而柔和的气味会逐渐转化成久久萦绕于嘴中的香味。叶底呈深褐色，大小统一整齐，茶叶氧化得十分充分。叶底刚开始散发着强烈的香味，冷却后，香味消失。

凯尼尔沃思单一茶园茶是具有代表性的中段茶叶。凯尼尔沃思茶园作为斯里兰卡最出色的茶园之一，生产的单一茶园茶的味和香稳定优质，获得了无数的信赖。

低地茶

福特纳姆和玛森的 New Vithanakande FBOPF1 Extra Speical vs. Le Palais Thes 的 New Vithanakande FBOPF Extra Speical

卢哈纳位于斯里兰卡的低地地区，这里生产的红茶的产量占斯里兰卡红茶总产量的一半以上。但由于气候

左图为福特纳姆和玛森的 FBOPF1 Extra Speical，右图为 Le Palais Thes 的 FBOPF Extra Speical

炎热潮湿，茶叶品质较低。

卢哈纳生产的茶叶的味道不够细腻和醇正，香味也有所不足，但口感较为浓烈。中东和俄罗斯的人比较喜欢这种口味，因此这里生产的茶叶也主要向中东和俄罗斯出口。

最近，为了进入高级红茶市场，生产者对茶叶的品质进行改良，生产出了一些优质的红茶，其中之一就是 New Vithanakande。

斯里兰卡低地红茶中，包括一些单一产地茶，如：迪尔玛的加勒、玛利阿奇兄弟的拉特纳普勒等，但单一茶园茶却非常少。

笔者对斯里兰卡的低地红茶十分感兴趣，一直希望可以有机会品尝一次拉特纳普勒地区的 New Vithanakande，但一直未能如愿以偿。直到最近，前往伦敦和巴黎时，终

左图为福特纳姆和玛森的 FBOPF1 Extra Speical 的叶底，右图为茶水水色

于买到了福特纳姆和玛森的 FBOPF1 Extra Speical 和 Le Palais Thes 的 FBOPF Extra Speical[1]。

New Vithanakande 的外形似祁门毫芽一般细长。其特征之一便是茶叶中混有银色茶尖，非常整齐。一般红茶的茶叶芽尖为金色，但 New Vithanakande 的生产者研发了一种技术，使茶叶芽尖在加工过程中受损，像白茶一样进行程度较低的氧化，最终变为银色。

与 Le Palais Thes 的 FBOPF Extra Speical 相比，福特纳姆和玛森的 FBOPF1 Extra Speical 茶叶的颜色更为明亮，银色茶尖也更多。两种茶叶的叶底都与一般红茶不同，基本维持干燥茶叶细长的形状。尽管被称作碎叶茶，但它其实更接近整叶茶。

福特纳姆和玛森的 FBOPF1 Extra Speical 的水色为清澈的淡红色，与阿萨姆单一茶园茶的水色相似，散发着

① Flowery Broken Orange Pekoe Finest 或 Fannings，在缩写时，最后一个字母 F 根据公司不同，对应的单词有 Finest 或 Fannings 两种形式。

微苦的麦芽香。如果没有标注的话，很容易将其误认为是阿萨姆红茶。但它的味道与阿萨姆红茶不同，略微有点苦涩。这种味道被西方人称作可可味或巧克力味，优质醇正。祁门红茶的味道与之类似。但祁门红茶在这种味道的基础上还有独特的兰香。

Le Palais Thes 的 FBOPF Extra Speical 的麦芽香不如福特纳姆和玛森的浓烈，水色也较为纯净，但红色较深。味道是令人愉悦的苦涩味，优质醇正。相比之下，叶底也较为杂乱，不仅有细长的茶叶，还有一般红茶的块状茶叶。

每个人的喜好都有所不同。New Vithanakande 虽然没有高地茶清新而淡薄的花香和果香的味道，但它所具有的低地茶的苦涩的巧克力香也十分醇厚诱人，笔者很喜欢这种味道。总的来说，New Vithanakande 很符合笔者的期待，是一种很有魅力的红茶。

中国可以称得上是绿茶之国。但由于韩国政府对绿茶征收巨额的关税，导致中国绿茶的输入很难实现。因此韩国国内一提到中国茶，就很容易想到普洱茶。

有资料显示，2008 年，中国的茶叶总产量为 114 万吨。其中绿茶占 73.7%，红茶占 5.6%，乌龙茶占 10.5%，其他茶占 10.2%。其他可能包括普洱茶等黑茶、茉莉花茶等加味茶以及白茶、黄茶等。

茶作为一种农作物，每年的产量都会有所变化，因此这些资料一般只当作参考，用来推断产量的大概趋势等。

按照这份资料计算的话，2008 年红茶的总产量只有 6.4 万吨。但由于中国生产的红茶几乎百分之百都是传统红茶，这样看来，产量并不少。接下来将对中国代表性红茶——祁门红茶、云南红茶、金猴红茶，以及台湾日月潭红茶进行详细介绍。

西方把红茶与绿茶区分开来大约已经有 350 年的历史，而"中国红茶"这个词的出现还不到 150 年。这是因为印度生产红茶不到 150 年的时间，在这之前谈到红茶，都是中国的红茶，没有必要叫"中国红茶"。但是现在人们单独将中国红茶分离出来，中国红茶似乎已经退出红茶的主流了。现在中国红茶作为一种独特的红茶，具有与印度和斯里兰卡红茶不同的明显特征。

中国红茶（现代红茶更为确切）最大的特点就是没有涩味，口感柔和、香甜。在西方人看来，中国红茶不加牛奶和糖味道也很香甜。

中国红茶大多使用中国种茶树的芽来制作。加工过程中萎凋和氧化的时间也较长。浅绿色的芽在氧化过程中会变为金黄色。它和较为成熟的茶叶逐渐变为深色是不同的，因为叶绿素的含量不同。茶叶在氧化过程中变黑是由于叶中的叶绿素含量高，而芽中的叶绿素含量要比叶少很多，因此变成了金黄色。

中国红茶除了祁门毫芽是主要用茶树的叶子加工以外，其他几乎都是用金黄色的芽来加工的，这也是中国红茶的特征之一。

茶叶在长时间的氧化过程中，儿茶素和氧化酶发生反应，茶多酚氧化合成茶黄素。茶黄素可以使茶叶的颜色变为黄色，而且随着氧化时间增加，还会生成一种更为柔和的茶玉红精，进而使茶叶的颜色变为红褐色，茶的口感也更为成熟柔和。也就是说，氧化时间越长，茶味也越醇甜。

因此，中国红茶的特征还包括中国红茶比印度和斯里兰卡红茶的氧化时间长，口感更为柔和香甜。

19 世纪末，印度红茶的出现使红茶界发生剧变，中国红茶也受到了影响。由于印度和斯里兰卡红茶的出现，英国从中国进口的茶叶量从 1859 年的 3.2 万吨急剧减少到了 1899 年的 7100 吨。中国为了研究出新的红茶加工方法，还曾派遣过技术人员前往印度考察。最终中国通过高强度的揉捻完成了划时代的转变。从此，中国红茶具有了与印度红茶不同的特征——香甜柔和。

中国红茶相比印度和斯里兰卡，茶叶较为完整。这是由于加工时，揉捻相对轻柔，也尽可能维持茶叶原有的模样。轻柔的揉捻导致茶叶受损较少，细胞液流出的速度减慢，这也就延迟了茶叶的氧化过程。

这样精心制作的红茶被称作"工夫红茶"。而且上述的过程还只是正式加工前的过程。因此可以想象从采叶到最后分类，中国红茶的制作过程中融入了多少工夫才能制作出高级中国红茶。

1. 安徽的祁门红茶

中国红茶中最具代表性的茶叶是祁门红茶。祁门红茶是中国十大名茶之一，与大吉岭红茶、乌瓦红茶并称为世界三大红茶。虽然这三种红茶确实很优质，但世界三大红茶的说法并没有一个准确的出处。笔者猜想或许是喜欢排名的日本人提出的。

安徽的祁门红茶于 19 世纪 70 年代开始生产。曾在 1915 年巴拿马——太平洋国际博览会上获得金奖，赢得了世界各国的一致好评。顶级祁门红茶带有纯净醇厚的水果香味，一种隐约的香味更让祁门红茶给人一种高贵的感觉，这种隐约的香味一般为兰香。

从左至右分别为福特纳姆和玛森的
祁门红茶、宫殿红茶的祁门毫芽、
迪尔玛的祁门 Special。

西方人认为祁门红茶的香味类似可可和巧克力的香味，味道不甜也不苦，非常吸引人。祁门红茶在中国被分为特级、一级和二级等，但西方的红茶公司将高级祁门红茶分为祁门 Maoping 和祁门毫芽。

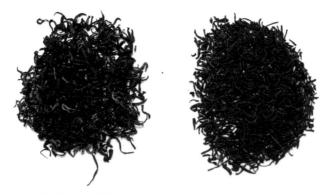

左图为福特纳姆和玛森的祁门 Maoping，右图为宫殿红茶的祁门毫芽，一眼就可以看出两种茶叶各自的特征。

祁门毫芽外形为细长的直线形，茶叶小而老。祁门 Maoping 更为壮实，线条有些弯曲，金色茶尖含量高。这是由于祁门 Maoping 比祁门毫芽采叶时间早。因此祁门 Maoping 的味道更为微妙香甜、优雅淡薄。

而相对来说采叶较晚的祁门毫芽味道较为成熟。

祁门红茶也用作高级加味茶的茶胚。美国的红茶公司哈尼桑尔丝（Harney&Sons）的英式早茶就是以祁门红茶为原料加工的。

2. 云南的滇红

祁门红茶、拉普山小种和滇红被列为中国最具代表性的红茶。滇是云南省的简称。滇红是指云南省生产的红茶。云南省既是茶的发源地，也是我们耳熟能详的普洱茶的生产地。

滇红的茶叶略微有些胖，颜色更接近深灰色，茶叶中混有金色茶尖。水色为红色。香味略重，是一种微妙的香甜的

中间与右图为福特纳姆和玛森的云南茶叶。
左图为在韩国购买的金芽茶叶，十分华丽。

泥土味。茶的滋味与一般红茶不同，较为淡薄。有种隐居山野的淡薄和神秘感。

百分之百用芽制成的滇红又叫金芽。金芽完全由大而壮实的金色的芽组成，让人觉得高贵而美丽。水色为琥珀色。泡时，会散发出一种焦糖的香味。味道是传统中国红茶所具有的柔和香甜的味道，完全没有涩味，滋味醇厚。

欧洲的红茶公司主要将滇红命名为 Yunnan（云南），将滇红金芽称为 Dian Hong（滇红）或 Yunnan Buds of Gold 或 Yunnan Golden Needle。

3. 福建的金猴茶

欧洲茶叶公司销售的茶中有一种叫作金猴茶（Golden Monkey）的茶叶，一半以上都是金色的芽，形状弯弯曲曲的，像烫过的头发一样。金猴茶是福建北部的福安市生产的坦洋工夫红茶的一种。

金猴茶是金芽含量第二多的茶叶。（金芽含量最多的茶叶叫作 King of Golden Needle，等级最高，品质最好。）虽然现在只有坦洋工夫在少量生产，但在中国红茶的全盛时期，除坦洋工夫外，还有好几种，它们出口到英国后获得了极大的欢迎。

金猴茶的味和香与滇红金芽相似，但从外形上来看，金猴茶给人一种更有力的感觉。相比滇红金芽笔者更喜欢金猴茶。笔者喜欢的哈罗德的锡兰 No.16 的完美的均衡美也可以在金猴茶上发现。

福特纳姆和玛森的金猴茶茶叶。这种茶并不是将一部分装进茶罐进行销售，而是将茶叶放在一个大型的茶罐中，用纸将茶叶包好后进行出售。

4. 台湾的日月潭红茶——红玉

红玉为细长的黑色茶叶，泡过后，茶叶会变为棕红色，叶片也变得很大。水色为清澈的橙黄色，散发着独特而优雅的薄荷香。

1895 年至 1945 年台湾被日本殖民统治，根据日本的政策，中国台湾为满足欧洲的红茶需求，开始专注于生产红茶。抗战胜利后，台湾也生产绿茶和乌龙茶，而红茶主要在南投县的日月潭周围生产。

红玉是由台茶 18 号种茶树的茶叶制成的。台茶 18 号种茶树是台湾南部野生茶树和阿萨姆种茶树杂交所得到的品种。在许多杂交种中，台茶 18 号种茶树最为优质。1999 年开始生产。

台茶 18 号种茶树栽培地区
下方左侧图：日月潭的美景
下方右侧图：随同笔者一起前往中国台湾的小组制作的日月潭红茶正在氧化

由于红茶是在台湾中部的美丽的日月潭周围生产的，因此又将其称为日月潭茶。欧洲人称其为 Sun Moon Lake black tea（日月潭红茶），是一种高级红茶，获得的评价很高。

红茶滋味醇厚，隐藏在里面的独特的薄荷香充满了整个口腔和喉咙，久久不会散去。如果有机会的话笔者一定要品尝一次。

肯尼亚

印度是最著名的红茶生产国，在印度之后斯里兰卡、肯尼亚分别占据第二、三位。红茶出口量最大的国家为斯里兰卡，肯尼亚排在第二位。英国人饮用的红茶约有 40% 是从肯尼亚进口的。肯尼亚拥有既是世界第二大茶叶拍卖市场又是临近印度洋的重要港口城市——蒙巴萨（人们常与印度的孟买相混淆）。在红茶的生产上，非洲的肯尼亚着实是声名远扬。

肯尼亚以咖啡生产地和塞伦盖蒂国家公园的探险而出名。韩国歌手赵容弼的歌曲《乞力马扎罗山的豹子》中曾经出现的雪山所在地就是肯尼亚[①]。

1903 年，英国人在肯尼亚这片殖民地上开始小规模生产茶叶。20 世纪 20 年代，英国红茶公司布鲁克邦德（Brooke Bond）和 James Finlay 公司联手在肯尼亚大规模购买了土地后，正式开始商业性生产。第二次世界大战后，印度和斯里兰卡相继

---

① 乞力马扎罗山是坦桑尼亚和肯尼亚的分界线。

独立。英国大幅度调整政策，将肯尼亚作为新的红茶供给地。肯尼亚不仅劳动力廉价，还拥有大量的土地可供种植茶树。

肯尼亚位于非洲大陆的东侧，临近印度洋。肯尼亚地处高原地带，生产力卓越。红茶主要在高原地带生产，茶园所处地区的海拔高度为 1600 至 2900 米。

肯尼亚茶叶产业是由数十万的小规模生产者组成的，要想保持统一的茶叶品质非常困难。这里的红茶约有 95% 都是采用 CTC 技术生产的，其中大部分在出口后主要用于制作茶包或冰红茶。由于肯尼亚生产的红茶一般与其他茶叶混合加工，因此很少有专门的"肯尼亚茶叶"一说。

肯尼亚从最初开始就主要生产 CTC，并在 CTC 生产技术上处于领先地位。肯尼亚通过 CTC 技术使混合茶的味和香保持均衡，也因此受到了英国、爱尔兰和苏格兰地区，以及全世界著名的红茶公司的青睐。

如今，从欧洲进口的茶包中装的红茶极有可能是肯尼亚生产的 CTC 红茶。我们不知不觉也喝到了非洲人用非洲的空气和水生产出来的肯尼亚茶。

玛利阿奇兄弟

肯尼亚玛丽莲茶园 GFOP

要想买到肯尼亚生产的传统红茶是非常不易的。最近，笔者在玛利阿奇兄弟购买了玛丽莲茶园生产的 GFOP。因为是有名的玛丽莲茶园生产的茶叶，所以毫不犹豫地就买了。玛利阿奇兄弟在介绍时也说

这是肯尼亚生产的最为优质的茶。

从壮实的茶叶上一眼便可以看出加工得十分精心。茶叶中混有少量的金色芽尖。水色为清澈的淡红色，是传统红茶的水色。叶底散发着新鲜的花香，呈亮褐色，由此可知其氧化程度并不高。

与大吉岭和阿萨姆红茶散发着各自特殊的香味不同，这种红茶香味隐隐约约，像隐藏在茶水中一样，没有什么特别之处，只是较为柔和、成熟。如此看来非洲传统红茶的平淡也可谓是其特征之一，让饮用的人心境平和。

印度尼西亚

肯尼亚称得上是红茶界的黑马。而印度尼西亚的红茶虽然并不是很出名，但却有非常悠久的生产历史。荷兰继葡萄牙之后，统治了亚洲海域。17世纪初，荷兰开始殖民印度尼西亚。

1498年，葡萄牙人为寻找香辛料到达了南印度的科泽科德。之后的1513年，又到达了另一个香辛料生产地——印度尼西亚的摩鹿加群岛。后来荷兰人在葡萄牙人之后，占据了这片地区。

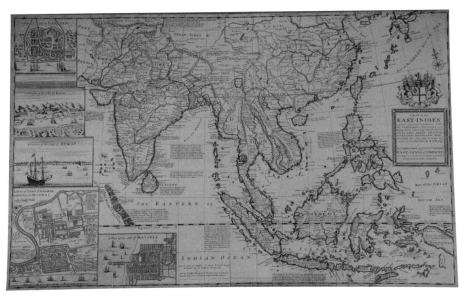

南印度喀拉拉邦的一家酒店的墙壁上挂有 17 至 18 世纪的大型地图。地图右侧的方框中写道：东印度和周边国家的地图。说明了属于英国、西班牙、法国、荷兰、丹麦和葡萄牙的地区和领土。这幅地图中有很多其他地图没有的标记。

　　为了获得该地区的统治权，英国曾多次与荷兰发生冲突，但荷兰最终保住了自己的殖民统治权。在经历了几百年的殖民统治后，1956 年，印度尼西亚正式独立。印度尼西亚摩鹿加群岛地区又被欧洲人称作东印度，为了与该地区进行香辛料贸易，英国和荷兰都成立了自己的东印度公司。

　　荷兰在爪哇岛的巴达维亚（今雅加达）地区建立了贸易基地，开始将东方的珍贵物品运往欧洲，这其中也包含从中国和日本进口的茶叶。

　　荷兰看到了茶叶的商机。17 世纪末尝试在自己的殖民地爪哇岛上栽种中国种茶树，但最后失败了。失败的原因和英国在阿萨姆初次种植中国种茶树失败的原因是相同的。由于荷兰不像英国一般执着，因此，在失败后也没有太大的进展。后来，受到英国在阿萨姆的成功的影响，荷兰也开始进口阿萨姆种茶树，最终于 1878 年获得成功。特别是高地茶成为了仅次于锡兰茶和印度茶的优质茶叶。第二次世界大战爆发前，荷兰东印度公司在茶叶生产上竞争力极强，茶叶的生产量和出口量很大，排在了世界茶叶生产国中的第四位。

但第二次世界大战的爆发给印度尼西亚的茶叶生产带来了致命性的打击。20 世纪 50 年代，印度尼西亚和荷兰政治上产生矛盾。直到 20 世纪 80 年代，茶叶产业才逐渐恢复。

印度尼西亚的主要茶叶生产地位于爪哇岛的西部山区。现在还包括苏门答腊岛和苏拉威西岛。

今天，印度尼西亚生产的茶叶大部分都是 CTC 茶，主要用于制作茶包和混合茶。韩国生产的红茶饮料中有很多原料就来自印度尼西亚。虽然过去人们认为用传统方法制造出来的优质印度尼西亚茶可以与斯里兰卡的高地红茶媲美，但要想发现用印度尼西亚传统方法生产的茶叶还是存在一定难度的。

玛利阿奇兄弟

印度尼西亚巴布通 BOP

印度尼西亚用传统方法生产的红茶是巴·布通（Bah butong）茶园的 BOP。玛利阿奇兄弟的主页上介绍：这种茶产于苏门答腊岛，味道略微浓烈并散发着淡淡的花香。

虽然这种茶叶的名字表明是碎叶茶，但茶叶的大小更接近整叶。茶叶颜色不统一，其中混有少量亮褐色茶叶。

水色为浅红色，干净透亮。这种茶没有特别的香味，带有一丝类似混合茶的涩味，强度适当。茶水冷却后反而更有一种奇妙的魅力。饮用时，可以感受到茶叶的品质较好，加工也很用心，但也没有达到一定要向大家推荐的程度。

🫖 Tea Time: 俄罗斯八宝茶（Russian Caravan）——西伯利亚的篝火

俄罗斯八宝茶与摩洛哥薄荷茶类似，名字中都透露着异国的浪漫。

18 世纪后，中国和俄罗斯开始了横贯亚洲大陆的贸易。无数穿着白衣的人组成的大商群骑着骆驼从中国出发，像乘着沙漠中的船一样，载着茶叶，前往遥远的俄罗斯。

一些人认为相比用水路运输的茶叶，像这样在干燥的陆地上运输的茶叶品质更好。他们相信在运输过程中，茶叶会吸收商人们野营时点燃的篝火的烟，因而品质会变得更好。

也许是当时运往俄罗斯的武夷山拉普山小种烟熏茶让人们更加确定了这样的推测。在人们的想象和期待中出现的现代俄罗斯八宝茶中主要混合的茶叶一般有祁门红茶、拉普山小种和乌龙茶。

以拉普山小种为底的茶自然散发着烟熏的香味，但以祁门和乌龙茶为底的混合茶——福特纳姆和玛森公司的俄罗斯八宝茶的香味则与香甜的祁门红茶更接近。

以后有机会品尝到福特纳姆和玛森公司的俄罗斯八宝茶的话，笔者一定会写一篇相关的试饮手记。

　　以祁门红茶为底的俄罗斯八宝茶虽然带有祁门红茶淡淡的香甜味，但除此之外似乎还有一种醇厚的原料散发的香味。祁门红茶就像是不刻意表现自己而使身边的人显得更加优秀的朋友一样。笔者猜想其中混合着的另一种茶也许是乌龙茶。

第三部

书写红茶历史的品牌

第十一章
福特纳姆和
玛森

伦敦红茶之行结束后，我们一行人又聚到了一起。其中有位朋友对我说："我记得组长说他曾以为去过伦敦福特纳姆和玛森后，人生会有一些变化，结果什么也没有发生，好遗憾。"（这里的组长是笔者参加的由喜欢红茶的人组成的学习小组的组长。伦敦和巴黎之行便是同红茶学习小组的成员们一起去的。）

是不是真的如此，笔者就无从可知了。刚开始了解红茶，学习有关知识的时候，笔者最喜欢的红茶品牌就是英国的福特纳姆和玛森，购买得最多的红茶也是福特纳姆和玛森的。或许福特纳姆和玛森的红茶就是笔者判断红茶的基准，当然这只是笔者个人的喜好。除福特纳姆和玛森外，还有很多优秀的红茶品牌。笔者曾想过如果真的去了伦敦的福特纳姆和玛森后，会不会得到某种启示，内心在期待的同时又有些胆怯。花费了大量的时间学习红茶，还亲自去了斯里兰卡、印度等茶叶生产地，如今觉得应该去伦敦了。尽管日程很紧张，但还是抽出时间去了两次福特纳姆和玛森，离开伦敦前最后去的也是福特纳姆和玛森。

　　　　　　　　　　第三部　书写红茶历史的品牌

福特纳姆和玛森商店

这次伦敦之行虽没有给笔者的人生带来什么看得见的变化，但笔者还记得为了去那里自己所做的准备和去了那里后看到的景象，也算是产生了某种变化吧。

1707年从事租赁行业的休·玛森（Hugh Mason）和皇家守卫队的步兵威廉姆·福特纳姆（William Fortnum）一起合伙开办了一家食品杂货店，于是福特纳姆和玛森便诞生了。茶是他们店中重要的一项商品。当时威廉姆·福特纳姆有一个亲戚在东印度公司工作，由于当时东印度公司对茶叶进行了垄断，所以对他们的生意帮助很大。

18世纪初期，红茶在英国是非常珍贵的奢侈品。有资料显示，直到1756年，红茶仍然只是贵族们才能喝到的饮料。这是因为茶叶从中国运到英国需要12至15个月，其间产生的运费和对茶叶征收的税费都非常高。

在这样的情况下，许多掺有廉价茶叶的伪造茶叶和走私茶叶开始泛滥。但福特纳姆和玛森秉承为顾客提供优质且纯粹的茶叶的精神，赢得了很多消费者的信赖。他们可以在福特纳姆和玛森买到质量上乘且合法的茶叶。凭借良好的信用，福特纳姆和玛森逐渐发展壮大，长时间与英国皇室维持着贸易关系。

1867年9月，维多利亚女王的儿子爱丁堡公爵阿尔伯特王子指名要福特纳姆和玛森提供茶叶和食品后，福特纳姆和玛森逐渐得到越来越多王室的认可和喜爱。直到今天，福特纳姆和玛森仍然保存着王室的认证书，并为女王和查尔斯王子提供茶和其他食品。不知是否是因为与王室长久的交易，福特纳姆和玛森有很多与王室有关的混合红茶，如：Royal Blend、Queen Anne、Smoky Earl Grey 等。

福特纳姆和玛森商店的内部

福特纳姆和玛森商店的内部

从皮卡迪利广场出发，沿着利兹酒店和绿园向前走的话，你可看到一栋七层的红墙白窗建筑。它的第三层挂着著名的钟表，一层整体为淡绿色，一、二层之间有很多大型的茶壶、茶杯、茶托、牛奶壶形状的雕塑，由此可见，茶叶对福特纳姆和玛森的重要性。

虽然福特纳姆和玛森原先是一家专门的食品店，但如今除了茶、咖啡、果酱和红酒之外，还销售很多家庭用品。福特纳姆和玛森一层主要出售红茶和咖啡，由此也可看出福特纳姆和玛森对红茶的重视。福特纳姆和玛森商店十分高级，商品的摆放很好地利用了店内的空间，给人一种优雅的感觉。笔者在走进商店后，第一个想法便是："终于来到这里了！"最近福特纳姆和玛森红茶茶罐的设计正在换代，由原先的古典风格变成更为明亮华丽的风格。店内陈列的商品主要以新的设计为主。

墙边有装有叶茶的巨大茶桶，穿着正装的男职员亲切地回答着顾客的疑问。

大部分畅销茶笔者都已经买过，因此这次买了一些茶园茶。这次购买的红茶中比较好的有祁门红茶、尼尔吉里Havukal茶园茶和斯里兰卡低地茶New Vithanakande。

福特纳姆和玛森将红茶爱好者作为主要销售对象，向他们提供高级红茶。[①] 为了研发最为优质的红茶，专家们至今还在访问世界各地的茶园。从福特纳姆和玛森购买的大部分叶茶的品质都是最好的。最初，福特纳姆和玛森认为茶包无法完全展现红茶的味道，所以不销售茶包。但随着消费者越来越

① 2013年11月福特纳姆和玛森在伦敦的再开发地区中最核心的St Pancras International开设了新的商店和茶店，这是300多年来的第一次。

喜欢茶包，1960年起，福特纳姆和玛森也开始出售茶包。如今，在95%以上的红茶都是以茶包的形式出售的英国，福特纳姆和玛森出售的叶茶量仍占70%以上。

福特纳姆和玛森店内二层便有出售茶具的地方，虽然不能说全部都很高级，但价格都很昂贵。笔者担心购买了以后回国途中有可能受损，最后也没有买。

店内还有伊丽莎白女王和凯特王妃在2012年访问时谈论过的野外用红茶茶具套装。竹篮中有茶杯、茶托、黄油刀、叉子等，使人在野外也可以享受完美的下午茶。抛开实用性不说，笔者也想拥有一套这样的茶具。

英国红茶的历史与福特纳姆和玛森的历史有着密不可分的关系。长期以来，福特纳姆和玛森都是人们购买最高级红茶必去的地方，现在也是。笔者便是其中的一员。

2012年访问福特纳姆和玛森的伊丽莎白女王和凯特王妃一行人在仔细观看野外用红茶茶具套装

Royal Blend

Royal Blend 茶叶中混有少量金色芽尖，颜色为深褐色，属于碎叶级别。在喝 Royal Blend 时，总是会有"我是在喝红茶"的感觉。也许是因为 Royal Blend 比较符合笔者脑中的红茶的标准。茶水水色为深红色，是典型的红茶水色。对 Royal Blend 的味和香虽然无法进行详细描述，但总让人觉得这就是红茶的味和香。茶叶由阿萨姆茶叶和锡兰低地茶混合而成。两种茶叶都是笔者喜欢的生产地的红茶。虽然茶罐上提示饮用时最好添加糖和牛奶，但因为茶叶浓烈的滋味和适度的苦涩感很稳定，因此直接饮用似乎更好一些。如果对 Royal Blend 打分的话，可以打 100 分。

Royal Blend 是福特纳姆和玛森在 1902 年为英国国王爱德华七世制造的混合茶，距今已有超过 110 年的历史，它一直都是福特纳姆和玛森的畅销茶叶。（爱德华七世是维多利亚女王的长子，于 1901 到 1910 年在位。）

Queen Anne

Queen Anne 属于整叶等级，茶叶为深褐色，里面混有金色芽尖。Queen Anne 的茶叶比 Royal Blend 的茶叶要大一些。

Queen Anne 的水色虽然也是红色，但比 Royal Blend 更明亮清澈。

Queen Anne 是福特纳姆和玛森为了纪念 1707 年在位的 Anne 女王，于 1907 年推出的一款茶叶。100 多年来，Queen Anne 也一直是福特纳姆和玛森的畅销产品。

左侧为Queen Anne，
右侧为 Royal Blend。
从上至下分别是茶
罐、干燥的茶叶、叶
底和茶水。

　　　　　　　　第三部　书写红茶历史的品牌

Queen Anne 由 TGFOP 级别的阿萨姆茶和 FBOP 级别的顶普拉茶混合而成。虽然 Queen Anne 和 Royal Blend 都是由阿萨姆茶和锡兰茶混合而成的，但 Queen Anne 的味和香更加清新，滋味适中，还散发着淡淡的花香。这可能是由于 Queen Anne 和 Royal Blend 使用的阿萨姆茶和锡兰茶的等级不同，也可能是因为 Queen Anne 中混合的顶普拉茶为高地茶，而 Queen Anne 中的锡兰茶为低地茶，所以味和香有所不同。Queen Anne 也可看作是又一种 100 分茶。因为 Queen Anne 总让人觉得它的味和香非常出众，不论是不懂红茶的人还是红茶爱好者，都会喜爱它的味道。

Queen Anne 和 Royal Blend 于 20 世纪初开始销售，已经有 100 多年的历史了，可以称得上是经典红茶。这两种茶让人们知道了原来混合茶之间也可以存在如此细微的差异，并且可以得到众多消费者的认可。很多混合红茶都以这两种红茶为模仿对象。

🫖 Tea Time: 红茶之国英国也生产红茶吗?

英国西南端的康沃尔郡分布着茶园。该地区的博斯科恩家族历史悠久，因代代人都对异域独特的植物十分感兴趣而出名，那里还种有长达两百年历史的装饰用茶树。该地区气候比英国其他地区温暖，有利于茶树生长。

受传统的影响，1997 年，该地区的特利戈斯南庄园开始栽种全世界各种各样的茶树苗，2005 年 5 月第一次收获了茶叶并用于对外销售。福特纳姆和玛森的特利戈斯南 Cornish 便是用这里生产的茶加工而成的，价格十分昂贵，100 克的价格约为 27 万韩元（约合人民币 1512 元）。

　　笔者对新的茶叶的味和香十分感兴趣。人们对特利戈斯南 Cornish 的描述让我不禁想起了传统的大吉岭红茶，虽然很吸引人，但过于昂贵的价格却让人望而却步。不过特利戈斯南 Cornish 的出现对数百年来只依靠茶叶进口的英国来说还是具有象征性意义的。

第十二章
哈罗德

笔者第一次喝的哈罗德红茶是英式早茶 14 号（English Breakfast 14 号）的茶包红茶。从 2010 年起，笔者就开始阅读各种与自己感兴趣的红茶相关的书籍，并将韩国国内可以买到的红茶买来品尝。当时正好有朋友到日本出差，于是发短信托朋友带回了这种茶。但由于当时还不懂泡茶的方法就胡乱尝试。现在回想起来，虽然当时泡茶的方法很蹩脚，但也是接触哈罗德红茶的一个开端。

在知道如何直接从海外购买茶叶后，笔者购买了很多韩国国内还没有进口的福特纳姆和玛森红茶、哈罗德红茶和宫殿红茶等，这才正式开始了解哈罗德红茶。虽然现在比较偏好喝茶园茶，但刚开始的时候，笔者是从各种名牌红茶公司的代表性产品开始品尝的。当时购买的哈罗德红茶主要有：英式早茶 14 号、锡兰 16 号、阿萨姆 30 号、Blend 49 号。笔者当时是通过书或网上的信息选择了这几样茶，但不管是当时还是现在，这些茶都是混合红茶中的名品。

哈罗德红茶在英国最高级的哈罗德百货商店内进行销

哈罗德百货商店的全景

　　　　　　　　　第三部　书写红茶历史的品牌

售。但哈罗德红茶与借助哈罗德百货商店的名声而进行销售的 PB[①] 不同，它从 1849 年哈罗德开始销售食品时就开始出售了。因此，哈罗德红茶对哈罗德百货商店来说也是意义非凡。1901 年哈罗德百货商店重建时，也为红茶设置了一个专门的食品馆，并一直延续至今。[②]

在这样的历史背景下，除了名声远扬的混合红茶外，每年还会有很多优秀的茶园向哈罗德提供优质的茶园茶。大吉岭的 Happy Valley 茶园的正门下方写着"专为哈罗德提供茶叶"（handcrafted Darjeeling Organic Teas，produced exclusively for Harrods from the snowfields of Happy Valley）的字样。茶园们都以能为像哈罗德这样世界性茶叶公司提供茶叶为荣。

哈罗德百货商店是笔者在开始了解哈罗德红茶后一直梦想前往的地方，具体来说是从 2012 年 5 月开始的。

虽然现在每天都能在电视上看到大韩航空直飞斯里兰卡的广告，但笔者 2012 年 5 月去斯里兰卡时，途中换乘了两次飞机才到达，香港一次、新加坡一次。在新加坡免税店闲逛时，无意间看到过哈罗德的商店。当时正是笔者通过海外代购购买茶叶的时候。

到现在笔者还记得当时自己看到多种多样的茶园茶时兴奋的心情和提着塞满茶叶的购物篮的样子。2013 年 3 月去印度的时候，知道可以在新加坡换乘和可以顺便去哈罗德的商

---

① 因 Private Brand 而出名大型流通公司以自身品牌命名了商品。即与每日牛奶、首尔牛奶的命名方式不同，而是以类似易得牛奶的形式命名，灵活运用了公司的名声和信誉度。
② 1985 年，哈罗德百货商店被现在的所有者埃及的穆罕默德·法耶兹买下，其儿子多迪·法耶兹与戴安娜王妃一起死于车祸，使得其名声大振。2010 年穆罕默德·法耶兹将哈罗德出售给了卡塔尔控股公司。

店时还高兴了很长时间。

人一生之中总会有难以忘记的恐怖、高兴和感动的瞬间。最近最感动的瞬间应该就是伦敦奥运会上韩国和日本在男足三四名争夺赛时，朴周永踢进球的那一瞬间。再往前倒退几年的话，最感动的瞬间是女儿带来的。当时女儿正在看灰姑娘的动画片。在看到老婆婆帮无法参加王子晚会的灰姑娘变出了一辆南瓜马车的时候，女儿激动地说了一句："老婆婆好棒！"看着女儿天真无邪的样子，我心中充满了感动。

这种感动就像笔者在樟宜机场看到哈罗德的商店时那种激动的心情。虽然一些人会理解不了，但当时笔者对红茶着实是疯狂地迷恋，这种喜欢似乎和当时自己的年龄有些不太相符。看到从前只有在网上才能看到的茶叶，那种兴奋之情真的是难以言表。带着仿佛在游览圣地一般激动的心情，笔者逛完了哈罗德的店。

笔者在逛完哈罗德百货商店之后的感觉并不是特别好。虽然百货商店外形华丽复古，但偌大的空间和多样的构造对于第一次来的人很不方便。红茶在食品馆内销售。笔者原本期待这里会有所有种类的哈罗德红茶，结果这里销售的种类并不是太多。馆内只有一些有名的畅销红茶，被摆放成堆。而且食品馆内还销售咖啡和其他食品，因此顾客很多、很拥挤。和红茶有关的茶具等在其他层有单独的店出售。两个地方来回逛，不免有些浪费时间。

读者们也许也有过类似的经验。总是在脑中构想自己特别想去的一个地方，在真正去过之后，再次回想起时，脑中浮现的并不是自己真正看到的场景，而是从前自己想象过的那个场景……

哈罗德百货商店

在樟宜机场偶然逛到哈罗德商店时的那种激动一直停留在我脑中，延续着那份激动，哈罗德百货商店的样子仍然是想象中的模样。

英式早茶 14 号

英式早茶 14 号的茶叶外形是典型的混合红茶的外形。其间混有整叶、碎叶等多种多样级别的茶叶。整体呈黑褐色，和茶叶的有大有小一样，颜色也由多种颜色混合而成。英式早茶 14 号由高地大吉岭茶、阿萨姆茶、锡兰茶和肯尼亚茶混合制成，因此茶叶大小和颜色多样也是很正常的。

水色为中等红色，叶底散发着清新的花香，茶水则没有什么特定的香味，给人一种十分沉静的感觉。口感柔和醇厚，没有一丝粗糙的感觉。后味则有一种令人心情愉悦的苦涩。英式早茶 14 号至今已上市 50 年，一直是具有历史传统的名品混合红茶。

混合茶 49 号

　　混合茶 49 号是由各种大小和颜色的茶叶混合制成的混合红茶，从等级上来说，虽为碎叶茶，但其茶叶的大小却更接近整叶茶。

　　水色为透明的淡红色。一般茶叶叶底的香味要比茶水的香味稍重一些，但混合茶较一般茶更甚一些。混合茶 49 号的叶底散发着复合清新的香味，而泡好的茶除了有一丝淡淡的香味外，基本上没有什么其他的味道。叶底的颜色相比其他茶叶来说要明亮得多。

　　混合茶 49 号与英式早茶 14 号相比，各方面都有所不同。如果说英式早茶 14 号是秋天的男人，那么混合茶 49 号就是春天的女孩。混合茶 49 号的滋味刚刚好，茶水冷却后，口感更为柔和。一天之中无论什么时候喝都很适合。混合茶 49 号是为纪念哈罗德 150 周年而推出的产品，由印度茶制成。与用锡兰茶制成的 16 号混合茶形成对比。相关介绍写到混合茶 49 号融合了印度五个主要茶叶生产地生产的茶的特征。印度

的茶叶生产地除了我们熟知的大吉岭、阿萨姆和尼尔吉里三个地区外，还有杜阿尔斯（Dooars）、特赖（Terai）、康格拉（Kangra）、锡金、卡恰尔（Cachar）等不太为人知的茶叶生产地。也许另外两个地区就在其中。

第十三章
川宁

　　伦敦河岸街上的川宁茶店兼博物馆非常小。店铺的一面是很长的长方形空间，纵深较长，而窄小的另一面又面临大街，使入口看起来更加狭窄。

　　顺着狭窄的入口进去，两侧陈列着熟悉的川宁牌产品，再往里走有出售罐装茶叶的地方。店铺虽小，却显得既雅致又有格调。顾客还可以在这儿品尝茶品，亲切的金发女职员一边沏茶一边销售着茶叶。川宁茶店规模很小，自然是无法和哈罗德相比，和福特纳姆和玛森也无法相提并论。

　　川宁与哈罗德、福特纳姆和玛森不同，实行以大众为对象的销售策略。笔者认为，该店铺与其说是为了销售，不如说是为了让川宁茶在英国红茶历史上占据一席之地，为像笔者一样因喜爱这段历史而前往参观的人提供服务的空间。虽然称作博物馆，但还是显得有些简陋，店铺里只有里侧的墙上陈列着从托马斯·川宁开始的川宁茶馆分布图和一些留有历史痕迹的小物件等被展示着。

　　年轻时的托马斯·川宁曾是为伦敦茶商打工的茶叶销售

下方右侧：笔者在川宁茶店内品茶的场面
因兼作博物馆，这里小规模地展示着一些历史资料
其他图为店铺内部的模样

　　　　　　　　　　　　　第三部　书写红茶历史的品牌

员，1706 年他开了一家名为 Tom's Coffee House 的咖啡店，开始卖茶，11 年后的 1717 年，托马斯·川宁开了一家名为 Golden Lyon 的茶馆。这家 Golden Lyon 之所以重要，是因为它是第一家可以让女性直接前来品茶并买茶的店铺。在此之前，女性是不可以出入咖啡店的，需要买茶的时候由丈夫或者仆人代为购买。

虽然说就算托马斯·川宁不这么做也会有别人这样经营店铺（就如即使爱迪生不发明留声机，也一定会有别人发明一般），不过不管怎么说，女性可以直接进入店铺品茶和买茶在英国红茶发展史上是具有重要意义的事情。

英国虽然比其他欧洲国家较晚接触红茶，并且较早流行咖啡，但它却仍然成为了红茶之国，究其原因主要有两点：其一是，在家里一般是女性喝红茶。作为主要顾客群的上流社会女性可以直接来到店铺品茶和买茶，这对于推动红茶大范围的流行具有重大作用。另一原因是，和作为咖啡供给地的黎凡特地区（地中海中部）的贸易受到英法战争的影响，而通过亚洲航路开展贸易的英国东印度公司则可以稳定供给茶叶。

通过女性不能出入咖啡厅这件事我们可以发现，其实白兰地和咖啡是为进行人际交往的男人们而准备的，茶则被定位成家中女性们消费的饮料。

作为家庭消费品，事前准备必须简单才行，万幸的是沏茶只需要有热水即可。相反，咖啡从炒到磨都很困难，提取也非易事，想要在家中做出美味的咖啡已超出了当时英国技术的能力了。

这一点在今天也是一样。虽然现在技术的完善已经超出了我们想象，但是因为用咖啡豆磨成的咖啡和用茶叶泡出的红茶有本质的差异，因此在家中做出的咖啡和红茶的品质完全不同。笔者认为不论是去多好的咖啡店或是茶馆，想要喝到比自己在家中满含诚意准备的红茶还要美味的茶并不是件容易的事，然而不论自己在家里多么饱含诚意地冲泡咖啡，去有精良装备和新鲜咖啡豆的咖啡店喝咖啡似乎仍是更好的选择。

即使有的人觉得在家里直接做的咖啡更好喝，但事先准备和事后收拾的时间也实在是太长了。一日要享用几次，这一过程对一般人来说过于烦琐了。

在这一背景下，女性们可以直接前往店铺品尝自己要喝的红茶，并根据自己的喜好调配口味再购买是一个极大的进步。

即使已过去 300 余年，川宁茶店仍屹立于伦敦河岸街上。如今这家店的规模已经不再是问题，重要的是其对于传统和历史的延续。

店铺门口的上方，有两个穿着中式衣装的人的铜像，还有一只黄金狮子，在下方赫然标记着 1706 年成立。

女王钻禧庆典红茶

2012 年为迎接伊丽莎白女王即位 60 周年，英国举行了多种庆典活动，一些著名红茶公司也推出了各自的纪念版红茶。钻禧庆典寓意庆祝女王即位 60 周年，是继维多利亚女王钻禧庆典之后第二次召开的盛大庆典。此外，25 周年的庆典为银禧庆典，50 周年的为金禧，70 周年的为铂金庆典。"Jubilee"（庆典）是形容具有特殊意义的周年纪念的词语。

川宁茶店外部全景

从英国红茶历史和皇室的密切关系来看，红茶公司绝对不会放过此种好机会。作为一次绝佳的营销机会，市场上涌现了众多相关产品。事实上，过去也有这种传统，若是消费者对于这种新产品反响热烈，则将其定为畅销产品，反应平平的话则停止销售。如今留下来的那些具有悠久历史的混合茶都是为迎接各种纪念日推出的产品，由于反响很好所以一直持续销售。

川宁调和了阿萨姆红茶和云南滇红，推出了女王钻禧庆典红茶（The Queen's Diamond Jubilee）。茶罐分为天蓝色、粉红色和薄荷绿三种在市场上销售，当然其内的茶叶是一样的。茶罐颜色太美丽，让身为男人的笔者也不禁生出购全三种颜色茶品的冲动，真是优秀的营销策略。

虽说是阿萨姆红茶和云南滇红调制而成的茶，但是其干燥茶叶的外形更多保留了云南滇红茶叶特有的模样，呈现出无残渣且整齐完整的样子。相比叶底，沏好的茶水中溢出的更多是滇红的香气。茶水的颜色是艳丽的赤红色。

川宁、宫殿红茶和福特纳姆和玛森的钻禧庆典纪念产品

虽然茶罐上的说明强调了成分中的阿萨姆红茶，但是笔者在味道和香气中更多感受到的是滇红的味和香。不过从茶里适度的苦涩味道也可以感受到阿萨姆红茶的余韵。随着温度渐凉，茶水似乎更加清冽，散发着淡淡的花香。

第十四章
玛利阿奇兄弟

玛利阿奇兄弟以马可波罗茶、皇家婚礼茶、法式蓝伯爵茶等加味茶出名。

可能因为笔者自己是中年男性，常喝的是未加味的纯红茶。也正因如此，笔者认为玛利阿奇兄弟是通过加味茶等打造出来的品牌，因而并未关注过该品牌。

但是随着时间的流逝，笔者开始品尝茶园茶，并逐渐认

从左至右分别是玛利阿奇兄弟的代表性加味茶：马可波罗茶、法式蓝伯爵茶，以及以圣诞茶出名的 Noel、皇家婚礼茶

识到那些对于玛利阿奇兄弟的先入为主的想法是不正确的。玛利阿奇兄弟的销售清单上有超过 600 种的茶品，不仅包含高水准的加味茶，还有远远超过其他红茶公司的堪称世界最高品质的茶园茶，凭借其超乎想象的多样品种、华美之感和异国风情吸引着世界各地的红茶爱好者。

欧洲的红茶之国是英国。法国却早在 17 世纪 30 年代至 17 世纪 40 年代引进了红茶，贵族们虽然也喝红茶，却未能持续下去。再加上当时由于政治原因，咖啡的供给更加顺畅，法国便成为了咖啡之国。法国大革命之后，茶被视为富人或者是贵族精英的象征，因而未能成为法国的主流饮品。甚至在革命已经过去了 200 年的 20 世纪 80 年代，茶仍被视为富裕的老妇人才能享用的饮品。

如今巴黎上升为仅次于伦敦的红茶之都，从某种程度上来看，也可以说是从 20 世纪 80 年代初期开启了一个新时代的玛利阿奇兄弟的功劳。

玛利阿奇兄弟的结束和新开始

塞纳河在巴黎的市中心缓缓流淌，巴黎还有西岱岛和圣路易岛。西岱岛上有着著名的巴黎圣母院。玛莱区位于塞纳河上游，以首尔市举例的话，大致处于麻浦大桥北边到元晓路周边的位置。大致位置虽然如此，不过玛莱区的塞纳河比汉江更窄，所以两边距离更近。

我住在横穿玛莱区的里沃利大街上的一家酒店。事先我并不知道任何有关玛莱区的信息，选择那里只有一个原因：玛利阿奇兄弟的总店在那附近。

玛利阿奇兄弟 1854 年成立，成立之初是一家进口茶叶和香草的公司，它主要进口高品质茶叶再贩卖至高级酒店或食品店。此外，他们还为主要客户特别制造了混合茶，客户中就包括丽思·卡尔顿酒店、Georges Sink 酒店、Ladurée 茶沙龙、巴黎春天百货商店的餐饮部。

为了简化工作，公司对各种各样的混合茶进行了编号，这些号码直到 100 多年后的今天也一直在使用，并成为了玛利阿奇兄弟的固有号码。这些号码对于像笔者这样不熟悉法语的人来说，在辨别样式众多而名称又类似的玛利阿奇兄弟茶时十分有用。

玛利阿奇（Mariage）家族的最后一位经营者 Marthe Cottin（其母亲为 Mariage 家的女儿）终生未嫁，已过了 80 岁的她仍在寻找继承人。

直到 20 世纪 80 年代初期，店里一直延续着这种以批发业为主的经营方式，正因此玛利阿奇兄弟虽然有悠久的历史，却还是未能在一般消费者中引起广泛关注。

布埃诺和桑马尼

1982 年，一位名叫理查德·布埃诺（Richard Bueno）的 32 岁法律专家和朋友奇悌·查·桑马尼（Kitti Cha Sangmanee）——一名来自泰国梦想成为外交官的 28 岁青年——一起来到了玛利阿奇兄弟。他们在短暂的时间里让众人感受到他们对于茶的热情，最终成为了 Marthe Cottin 的继承人。

如今的玛利阿奇兄弟有了崭新的开始。二人接手玛利阿奇兄弟的 1984 年，在包括法国在内的欧洲国家中，茶是不算饮品的。不过与此同时，茶这一被遗忘许久的古老饮品渐渐引

位于玛利阿奇兄弟茶馆二层的博物馆内景。右图为壮年离世的理查德·布埃诺

起人们的关注。（参考第二十六章《韩国红茶的历史和复兴》）

桑马尼在经过对包括英国在内的众多国家的调查之后，得出了一个结论：玛利阿奇兄弟这段时间经营的茶相较于其他国家的茶都更加优质，种类也更加丰富。这是因为玛利阿奇兄弟作为一家茶叶专营公司，一直认为茶不是一般的饮料，而是为美食家们准备的纯净和优质的饮品。

在美食家遍地的法国，玛利阿奇兄弟一直销售着和丽思·卡尔顿酒店、Georges Sink 酒店等高水准酒店品味相当的茶，只是 Marthe Cottin 一直不知道而已。

凭借着这种自信和年轻人的果敢推动，玛利阿奇兄弟1984 年推出了首部名为《法国茶艺》（ *The French Art of Tea* ）的书，其中收录了包括从 20 个国家进口的 250 余种销售用茶。在当时，书中记载的零售用茶的品质和种类被人称为有史以来的世界最高水准。

玛利阿奇兄弟在巴黎老街区玛莱区的蓬皮杜中心附近的 du Cloitre Saint Merri 街上设有超过 130 年历史的总公司。如今同处于玛莱区，位于 Bourg Tibourg 街的茶店和茶室是 1985 至

玛利阿奇兄弟茶店里样式众多的华美茶具，尤以模仿日式茶具的样式居多

1986 年间新开设的店铺。当时的玛莱区和今日不同，属于相当落后的地区，但两人为尊重玛利阿奇兄弟家族之根源还是选择了玛莱区。位于 Bourg Tibourg 街的茶店和茶室成为了巴黎有名的场所，再加上媒体的积极报道和观光游览手册的介绍，该茶店和茶室逐渐成为了全世界红茶爱好者们必去的场所。

为了取得成功，两人前往香港、光州和日本、斯里兰卡、印度等地区和国家和生产优质茶的茶农及中间人会面，寻找好茶。桑马尼每年几乎有一半的时间是在这些茶叶生产地度过的。

玛利阿奇兄弟和日本

桑马尼从一开始就对日本十分关注，在法国还没什么人饮用日本绿茶的时候就已经在法国销售日本绿茶了，同时他也努力开拓日本市场。最终，日本成为当时唯一开设玛利阿奇兄弟分店的海外国家（近来在英国和德国也设有分店。）1997 年和 2003 年，玛利阿奇兄弟在日本的银座和新宿站开设了茶店。如今，包括上述两家店共有九家茶店和茶室分布在东京、横滨、京都、大阪等。前往巴黎的玛利阿奇兄弟茶室的话，可以看出来玛利阿奇兄弟灵活运用着日本茶文化的一些元素，从它模仿具有悠久历史的日式生铁茶壶等现象便可看出。这也是玛利阿奇兄弟将日本列为目标市场而投入精力的证据。日本虽有饮用绿茶的传统，但饮用红茶的人口也占相当大比重。如今，玛利阿奇兄弟在日本具有相当高的地位。日本人似乎也在通过玛利阿奇兄弟的红茶感受并享受着法式生活的优雅和浪漫。

2013 年前往巴黎玛利阿奇兄弟茶店的时候，笔者所去的三家茶店的橱窗处有长和宽远超一米的红色画布上画着白色的樱花，并标着樱花的日语字样。此外，位于 Bourg Tibourg 街的总店的收银台前，坐着的是一位日本女性。

加味茶

玛利阿奇兄弟原来主要经营古典式红茶，加味茶方面则只销售格雷伯爵茶及加入茉莉的古典式加味茶。然而，桑马

巴黎的玛利阿奇兄弟总店

图中背景为玛利阿奇兄弟具有
代表性的黑色锡桶，店员正在
包装笔者订的红茶

位于玛莱区 Bourg Tibourg 街的玛利阿奇兄弟总店内部的模样

尼接手玛利阿奇兄弟后制定了扩充加味茶系列的战略。

如前所述，20 世纪 80 年代初期的法国，茶叶市场的规模极小，茶只是富裕的老妇人们招待客人的时候享用的饮品，这一认识在当时占主导地位。在此种情况下，为接近年轻消费群体并让他们成为顾客群，供应多种多样的加味茶成为了必须采取的策略。无论是过去还是现在，初次接触红茶时那滚烫的水面之上飘起的异国之香难道不是红茶最大的魅力吗？

桑马尼作为极具天赋的混合茶制作大师，在调配各种茶叶制成古典混合茶和加入水果、花、香料等制作加味茶等方面发挥了卓越的能力。

玛利阿奇兄弟的加味茶，不，应该说是天才桑马尼制作的加味茶反映的是一种能提升此前加味茶层次的想象和自由。

首次取得成功的便是为纪念圣诞节而推出的 Esprit de Noel 茶。Noel 茶能给予人们味觉、嗅觉、视觉上多重享受。它散发着肉桂、香草、丁香和橘子的味道。公司自豪地声称它是第一款为特定节假日推出的茶。而现在几乎所有公司都销售圣诞茶。

同年玛利阿奇兄弟推出的另一杰作是马可波罗茶（Marco Polo），该茶是如今是玛利阿奇兄弟公司具有代表性的畅销产品之一。马可波罗在韩国也极具人气，据说该茶会使人感到淡淡的乡愁。马可波罗茶让人联想到在中国西藏地区的旅行，人们每每饮用它，总会被带入幻象之境。

桑马尼于 1995 年制作了一款名为 La Route du Temps 的混合茶，该茶的名字意为“时间的路”，以缅怀其去世的同事理查德·布埃诺。在玛利阿奇兄弟总店二层的小博物馆里挂着壮年离世的理查德·布埃诺年轻时的黑白照片，该博物馆里陈列着各种有关玛利阿奇兄弟历史的资料。

玛利阿奇兄弟的加味茶给人美妙之感又散发异国风情。它不仅具有强烈的味道和香气，还能在视觉上给人带来愉悦。可能是因为以前的红茶均为黑灰色，而该茶却与之不同，它色彩华丽。玛利阿奇兄弟通过创造远高于现有加味茶水准的茶之世界，创造着自己的神话，为日后发展打下基础。

玛莱区

因从入住的酒店到 Bourg tibourg 街上的玛利阿奇兄弟总店仅需五分钟路程，本人在巴黎期间便多次前往。此外，又前去参观位于玛德琳广场的其他玛利阿奇兄弟茶店、馥颂专卖

位于 Bourg tibourg 街的玛利阿奇兄弟茶室的内景

店、Eduard 专卖店及位于圣日耳曼大街上的玛利阿奇兄弟茶
店等，期间得以偶遇埃菲尔铁塔，环顾卢浮宫，并在蓬皮杜
中心短暂地驻足观赏。

　　渐渐的我开始觉得自己所在的玛莱区是一个极富魅力的
地方。众多狭窄的巷子纵横交错，巷子里满是美丽的咖啡厅、
饭店和商店。

　　到达巴黎的当天傍晚，虽然我明知道玛利阿奇兄弟总店
已经关门了，却还是去看了看。当时看到茶店后的第一感觉
就是："这偏僻的小巷子里居然有玛利阿奇兄弟总店？"这里
与韩国不同，这正是玛莱区的特色，也许也是整个巴黎的特
色。圣日耳曼大街也是一样，大部分商店都开在窄小的巷子里，
那些窄巷聚集的地方才是巴黎的传统景象。

玛利阿奇兄弟总店内的茶室非常小，和茶店相连，但空间利用非常高效。午餐时间提供午饭，剩余时间则提供下午茶套餐。想到这窄小房间里寥寥无几的几张餐桌便是玛利阿奇兄弟成名的起点，不禁觉得神奇。位于二层的博物馆的规模也不能和韩国博物馆的规模相比，大小只相当于一个宽敞房间。

最后一天的下午，听闻玛莱区也有 Le Palais des Thes 茶叶店，我便踏上了艰难的寻访之路。正当我走遍巷子的角落腿脚渐酸的时候，看到了一个美丽的公园。那是一个雅静的公园，呈正三角形。公园不算很大，四角的喷泉在喷水，很多人躺在草地上尽情享受着闲适自在的感觉。公园四周那些具有悠久历史的建筑看起来也非同一般。我向附近的路人询问公园的名称，却没能听懂。

回来查阅资料发现那里原来是孚日广场。孚日广场不仅是巴黎最美的广场，而且由来已久，为世界百大广场之一。

孚日广场

玛德琳广场的馥颂专卖店的外部和内部

玛德琳广场的 Eduard 专卖店的外部和内部

玛莱区小巷和街道的 Le Palais
des Thes 茶叶店的外观和内部

维克多·雨果便是在广场周围某栋的建筑里创作了大部分作品。在那儿我学会了两件事，一是必须要学习，二是精品在谁的眼里都是精品。

再次徘徊在小巷里，我看见了一家名叫梅森·马雷（Maison Marais）的韩餐店，并恰好找到了位于小巷的 Le Palais des Thes 茶叶店。

茶叶店主要由两部分组成，入口处主要销售加味茶，里侧则主要贩卖单一地区茶和单一茶园茶，各式各样的茶叶都陈列其中。在参观的时候，发现了很难买到的 new vithanakande，笔者便购买了一个。买茶的顾客都很亲切，对于笔者的各种提问也都仔细回答。Le Palais des Thes 凭借其优质多样的茶叶，受到各种好评。

十几年前我第一次去巴黎的时候，参观了巴黎荣军院、枫丹白露、蒙马特尔、埃菲尔铁塔，同行的一群人还遇见了扒手，可谓是该经历的都经历了。第二次前往巴黎，目的更

夕阳下的塞纳河

加明确，不再是巴黎而是巴黎的红茶。此外，玛莱区不仅历史悠久，景色优美，也十分适合进行巴黎红茶之旅，这一点显而易见。

此次巴黎之行，除了从伦敦搭乘欧洲之星前往巴黎，从巴黎北部前往酒店以及在去埃菲尔铁塔的路上为赶上玛利阿奇兄弟茶店的午饭预约时间搭乘了出租车之外，全程均未乘车，一直采用步行方式。

虽然腿会疼，但是行走时却也能发现一些意料之外的地方。在前往西岱岛的圣日耳曼大街的途中，我看见了一家名为福德茶的安溪铁观音欧洲销售代理店。在圣日耳曼大街及从玛德琳广场走路前往蓬皮杜中心时，我还见到了 Kusmi Tea 茶店。行走还真是乐趣无穷。

时光大道

针对这款加味茶，玛利阿奇兄弟介绍茶品的手册上如此描述："融合了绿茶的清香、花朵的甜腻、香料的浓烈"。然而事实上笔者初次接触这款茶的时候觉得很不自在，也难以认同上述描述。

首先干燥的茶叶上散发出的强烈的生姜香味和白色的生姜片就让人反感，再者茶水呈现浓稠草绿色，经过粗糙包揉加工的条形茶叶从外形上看并不像绿茶，反倒像乌龙茶。

汤色呈现出一般乌龙茶的琥珀色，叶底也留下了包揉的痕迹，呈现出巨大的叶子。

但是沏出茶水的香气和味道却有所不同，干燥茶叶散发出的强烈的生姜味在茶水的香气和味道中急剧减少。令人不自在的生姜味能和茶如此巧妙地融合在一起也是一大惊人地发现了。随着茶水渐凉，饮茶者渐渐能品味到优质绿茶的清冽之感，这竟和前文的介绍有种相似的感觉，是一款有着奇妙魅力的茶。

笔者甚至参考了网站主页的产品介绍，如其绿茶茶胚产自金三角地区（老挝、泰国、缅甸），该地区的绿茶加工法和笔者已知的绿茶加工法多少有些差别。不知是否是因为该茶是为哀悼朋友而做，茶的香气和味道也让人觉得哀伤。

这款加味茶初见令人反感，却具有意料之外的味道和香气。笔者期待着看到读者们对这款加味茶的评价。

La route du temps 的茶样、叶底及汤色

第十五章 与红茶大师简·佩蒂格鲁（Jane Pettigrew）的一日课堂

　　我从 2013 年 3 月就开始准备 8 月的伦敦和巴黎之行了。一名同伴提议去听简·佩蒂格鲁老师授课，随后我们便立即联系了老师。虽然老师在伦敦定期开课，但是我们在伦敦期间老师却没有课时安排。我们一行人均为没能赶上老师的课程感到遗憾。但后来老师提议在自己家里招待我们，并计划开展一日课堂，我们便愉快前往了。

Tooting Bec 的乡村和一栋家庭住宅的入口

老师的家在一处僻静的小区，离伦敦稍微有点远，以韩国为例的话，大概是从首尔到安阳的距离。我们在 Tooting Bec 地铁站下车，按照邮件上的说明前往。住宅区很僻静。笔者以前去海外出差或者旅行的时候除了参观大城市和旅游景点，也很喜欢去那个国家普通市民生活的地方看看。这次得以参加普通英国人居住的小区，我也感到非常高兴。

　　课程用一个词来形容就是热情洋溢。老师虽然看着年轻，实际却已有些年纪（不能随便谈及淑女的年纪），然而老师却不顾年岁，慷慨激昂地进行讲授，这令我们十分感动。老师在和厨房相连的客厅一边上课，一边为我们准备试饮茶，频繁进出于客厅厨房之间。

　　上午课程结束后我们去小区里散了一会儿步，老师趁着这段时间为我们准备了午餐。之后我们一起享用了简单又充满心意的英式午餐。

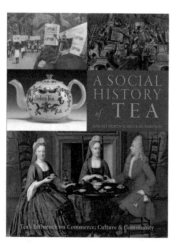

简·佩蒂格鲁的著作《茶的社会历史》（A Social History of Tea）

　　下午的课程远远超出了预定时间，较晚才结束。老师最后端出了自己亲手做的蛋糕、司康饼和 clotted cream 奶油。最近人们将一本历史悠久的食谱《下午茶烘焙书》（Teatime Baking Book）奉为经典，简老师恰是这本书的作者。可能是因为老师在下午茶糕点上有独到见解，手艺已高超到可以出书，当天的下午茶糕点也尤其美味。

　　　　　　　　　　　　第三部　书写红茶历史的品牌

佩蒂格鲁的课堂和其亲手制作的蛋糕

我们听着有关司康饼、奶油和果酱的简短讲解，度过了一段愉快的时光。

当天我带去了一本简·佩蒂格鲁的著作，她很爽快地帮我签了名，并说修正版很快就要出版了。这本书是一本有关英国红茶发展史的著作，名为《茶的社会历史》（A Social History of Tea），该书在很久以前就已出版，对于笔者撰写此书帮助也非常大。我们还照了纪念照，甚至领到了课程结业证。在回伦敦的电车上，我们一行人都对这次趣味十足的一日课程十分满意。而且，由于吃了下午茶，我们就省掉了晚饭，简简单单地喝着啤酒，结束了一天的行程。

简·佩蒂格鲁是英国的茶叶专家，曾出版了好几本茶艺专著。她广泛参加世界各地的与茶有关的活动，积极进行茶艺演讲。现在也会定期出演一些电视和广播节目。她还曾经到访过韩国，对韩国的绿茶也十分感兴趣。

第十六章
管家码头

　　笔者在计划伦敦之行的时候有一个必须要去的地方，就是位于泰晤士河边的一条历史悠久的满是仓库的街道，名叫管家码头（Butler's Wharf）。伦敦塔桥就在附近，塔桥两边高塔耸起，托起中间桥体，它常常出现在象征英国的照片里。

在伦敦塔桥上拍摄的管家码头远景

　　　　　　　　　　第三部　书写红茶历史的品牌

满是铁桥的小巷

　　管家码头于 1871 至 1873 年建成，是一个货运码头，用于装卸从泰晤士河溯流而上的货物，曾经装卸过香辛料和茶叶，其中以茶叶居多。1871 年英国正式进口印度生产的茶叶，之后的几十年间，管家码头作为世界最大的茶叶仓库声名鹊起。

　　从卡蒂萨克号博物馆所在的格林威治区乘船出发，前往大本钟所在的市内，沿途泰晤士河两岸到处是名称各异的码头。例如有名为麦子码头的地方。笔者推测，大英帝国在其辉煌时期从国外进口的各种特产，会按照分类在特定的码头装卸。若是这样，那么麦子码头则主要是装卸香辛料和茶叶的地方。荒置许久的这条仓库一条街在 1980 年以后，随着各类博物馆、简洁的餐厅及高级商店的入驻变成了一条古香古

上：装修雅致、茶很美味的茶馆 Tea Pod
下：笔者推测是储存小肉蔻的仓库

挂在街道上的介绍牌对于该街道
的历史进行了简短的描述

　　　　　　　　第三部　书写红茶历史的品牌

色的特色街道。

　　离开伦敦的那天早晨，我独自游览了这条街。江边满是高耸的建筑，街道位于其中，向里走又满是其他建筑。街道两旁建筑的二、三层被铁桥连接起来。香辛料和茶叶被卸载在靠近外侧的建筑后，便利用这些铁桥将其移送到里面的仓库去。不知是不是因为是清晨，街道非常安静，有种万籁俱寂之感。街边古朴的四五层高的建筑整齐地排列着。街道两边虽有高级饭店，却还未开门。

　　笔者参观这些古朴的建筑，发现有的建筑上标有豆蔻之楼（Cardamom Building），其他建筑上还有生姜之墙（Ginger Wall）、香草和芝麻（Vanilla & Sesame）、印度之屋（India House）等标志。看到这些，我一时兴奋起来，为寻找标有茶叶的建筑游走于街道之间，最终却并未能发现。不过看到了一家名叫 Bengal Clipper 的印度餐厅也算得到慰藉了。

　　管家码头地区似乎是按照货物类别分类，在特定的仓库装特定的货物，例如茶就装在茶仓库，生姜则储存在生姜仓库。而且因为茶容易吸收其他味道，所以也必须这样储存。

　　正当笔者饥肠辘辘、腿又酸的时候，发现了一家名为 Tea Pod 的茶馆，便走了进去，点了红茶和布朗尼蛋糕。不知是因为这街道氛围，还是因为孤身一人，或者是因为茶确实非常美味，总之这是我在伦敦喝到的最美味的茶。

　　Tea Pod 茶馆并不只是一家普通的茶馆，他们也销售同名牌子的罐装和袋装茶叶，墙上展示着各种各样的茶具，真是一次幸运的偶遇！天花板上写着这样一句话："这世上没有什么严重的烦恼是一杯好茶不能治愈的。"（There is no trouble so great or grave that cannot be much diminished by a nice cup of tea.）

管家码头对于笔者来说是一个意义重大的地方，是有着能给予人奇妙感觉的地方。这里似乎超越时间，有着很多的故事和历史。来到江边，舒适的咖啡店还是很多。要是你想看到一个安静而简单、过去与现在共存的伦敦，那么我建议你去管家码头，品尝有特色的美食和茶。

　　若是爱茶之人，也一定要前来参观，并去寻找那些笔者未能找到的储存着茶的仓库。

第十七章
辛格庄园茶园
经理的家

　　结束了在辛格庄园茶园工厂的观摩学习和试饮之后，茶园经理在他位于茶园内部的自家庭院里招待我喝茶。自然我也就得以参观他的家。即便参观别人的家显得有些失礼，但是由于在印度似乎很难看到古老的英式建筑，所以我也就仔细地参观了一番。

　　那是一栋历史悠久的宽敞单层建筑，房子周围如乡村教室院子一样开满了美丽的花儿。窗户也像教室一般，整齐排列开来。沿着古旧简洁的走廊，依次是寝室、餐厅、茶室等，每个房间都很大很宽敞。建筑完整地展现了过去的样子，其蕴含的空间概念和如今的空间概念是截然不同的。屋内的家具、床、饭桌等看起来同样有着悠久的历史，墙上挂着的复古的画作，装饰品也都很有品味。每个房间都有壁炉，它们似乎在诉说着大吉岭的冬天有多冷。建筑虽然历史较悠久，但是干净整洁，显得颇有气派，就如一个再现过去的博物馆。

　　包括整个大吉岭、茶园的工厂、厂内的机器、我们住宿的宾馆、经理的家在内，全都散发着 19 世纪气息。这种气息

整洁朴素的建筑外观
和内部模样

强烈地吸引着人们。不知为何，伦敦的管家码头最令我印象深刻的也是其 19 世纪的氛围，大概是因为过去那种整齐有序的排列风格吧。

　　人类数千年来一直饮茶，加工茶树叶子一事数千年来却变化很少。我并不觉得培育茶和加工茶的地方必须要跟上互联网和智能手机时代的发展。反而只有感受着古典之美，在古朴的氛围中制作出来的红茶才能给予人生活慰藉，才是真正的大吉岭。笔者又一次体会到，能品尝到在这种古朴氛围下生产的红茶真是一种莫大的幸运。

在伦敦时，未能仔细参观维多利亚和阿尔伯特博物馆
（Victoria and Albert Museum）是笔者的一大遗憾。维多利亚和
阿尔伯特博物馆简称V&A博物馆，是世界最大的装饰美术馆
和设计博物馆，以维多利亚女王和其丈夫阿尔伯特公爵的名
字命名，并于1852年正式开馆。

博物馆内展示着18、19世纪使用的茶具，还收藏着笔者
曾在书上见过的一幅家人一起喝茶的画作等。馆内陈列着维
多利亚女王喜欢的三层点心架，各种早期的茶壶、茶杯、茶碟、
装茶的容器还有众多的银制茶具。当时我只是大致欣赏了一
遍，打算改天再参观，最终却因为日程安排问题未能再次前
往参观。若是当时安排好日程，好好地再参观一次，想必能
看到很多与茶相关的东西。

维多利亚女王在位的1837至1901年这64年不仅是英国
历史上最辉煌的时期，更是号称"日不落帝国"的大英帝国
的顶峰时期。

相传维多利亚女王在18岁继位后便马上命令仆人拿来红

白金汉宫前
下图是维多利亚和阿尔
伯特博物馆里展示的一
套茶具和茶壶

维多利亚女王和其丈夫阿尔伯特公爵

茶和《时代》杂志。这则民间流传的逸事正体现了她是一位喜爱红茶的女王。

女王在位期间，喝下午茶成为一种习惯。此外印度和斯里兰卡开始生产英式红茶，维多利亚女王将英国真正变成了一个红茶之国。

白金汉宫前的女王铜像用一种兼具柔性美和刚性美的巧妙表情凝视着远方。女王正是以这样的形象，从位于遥远的亚洲的中国及印度进口红茶，并将其发展成为英式红茶，打造了英国茶文化。

🫖 Tea Time: 珍珠奶茶，新流行

近来，在街上闲逛的时候经常能看到店铺销售红茶饮品的一种——珍珠奶茶。虽然很久之前，大学周围也有一些珍珠奶茶店，但是并没有获得太多关注。最近，一些外国品牌经销商开始在韩国开设店铺，珍珠奶茶的味道相比以前也变得更加美味。

珍珠奶茶于 20 世纪 80 年代起源于中国台湾，在不同地区有不同的名字，如波霸奶茶（Boba milk tea）、珍珠奶茶（Pearl milk tea）、粉圆奶茶（Tapioca milk tea）等。

地道的台湾珍珠奶茶是在热红茶、黑色珍珠模样的粉圆、浓缩牛奶、糖浆或蜂蜜中放入冰块制成的一款清凉的饮品。粉圆以淀粉为原材料制成，该淀粉提取自一种叫木薯的热带植物的根部。

因为沉在玻璃杯或者塑料杯底部的粉圆看起来像泡沫，而且冰珍珠奶茶表面会有泡沫，故名泡泡茶或者波霸奶茶。

波霸奶茶（Boba milk tea）一词则来源于泡沫（bubble）的英文发音。

珍珠奶茶在中国台湾地区、中国香港地区及中国大陆很受欢迎，最近在美国、加拿大、澳洲等地也开始受到追捧。随着珍珠奶茶人气越来越高，如今的珍珠奶茶除了原来的种类之外，又出现了多种配方，扩大了顾客的选择空间。人们还将珍珠奶茶做成一种热饮，并开始以果汁取代原来的牛奶或是两种都添加，市场上出现了与之前概念完全不同的珍珠奶茶。

清凉香甜的冰奶茶很美味，用粗吸管吸珍珠也相当有趣。不管怎么说，在咖啡大国韩国，珍珠奶茶作为一种以茶为基本原料的新型饮料在市场上逐渐占据一席之地，这从选择多样化的角度来看是一个好消息。

第四部

如何品味红茶

第十九章
红茶和健康，
抗氧化效果

　　最近人们对于茶的关注有所提升，究其原因应该有多种。有可能是人们因为咖啡在世界范围内急速扩散而产生了反抗情绪，也有可能是因为人们生活在节奏迅速的"快时代"，多少感受到了有些"慢生活"意味的茶的魅力。此外，人们开始逐渐认识到茶是一种健康饮品。也是重要原因之一。本章和下一章主要探讨茶对于健康的好处和茶的成分。

抗氧化

　　我们最常听到的和茶有关的词语便是抗氧化。抗氧化即抑制氧化的意思。这一概念主要在讲解细胞老化过程和怎样预防老化时出现。细胞的老化即指细胞的氧化。人类为维持生命，要通过呼吸吸进氧气，使氧气在体内产生有利于身体的反应，但在这一过程中会产生氧自由基（有害化合物）。此外，在过度摄入脂肪和糖分含量过高的加工食品、维生素和矿物质元素不足、吸烟、化学药品泄露、药品及酒精滥用等日常情况下都会产生氧自由基。

　　氧自由基意为氧处于不安定的状态之中。氧自由基通过损伤正常健康的细胞，破坏人体免疫系统使人们生病。所以去除活性氧自由基是预防细胞氧化、细胞老化和疾病的核心所在。

　　当然，我们人体本身具有抑制氧自由基的功能，摄入丰富的蔬菜水果相当于摄入天然抗氧化剂。红茶和绿茶含有大量的抗氧化物质——多酚，随着这一发现的广泛流传，不只是韩国，在美国和欧洲等一些国家，红茶、绿茶也被视为健康饮品。人们对茶的关注度逐渐提升，有关茶多酚的研究也开始出现。当然，除了茶之外，牛蒡、胡萝卜、花椰菜等蔬菜和葡萄、芒果、苹果、香蕉等水果中也含有大量的多酚。甚至在不久之前，因为据传红葡萄酒内含有大量多酚，喝红

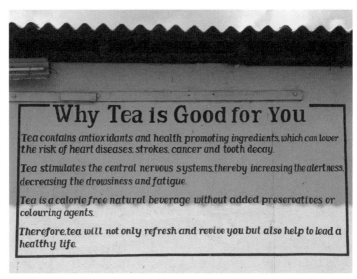

Why Tea is Good for You

Tea contains antioxidants and health promoting ingredients, which can lower the risk of heart diseases, strokes, cancer and tooth decay.

Tea stimulates the central nervous systems, thereby increasing the alertness, decreasing the drowsiness and fatigue.

Tea is a calorie free natural beverage without added preservatives or colouring agents.

Therefore, tea will not only refresh and revive you but also help to lead a healthy life.

佩德罗茶叶工厂墙上有关"茶为什么好"的说明

酒也流行起来。

上述的蔬菜、水果、红葡萄酒等虽然含有有利于身体健康的成分，但是有意大量摄取这些成分还是不太方便，而且也存在一定局限。与此同时，茶既能够抗氧化，又能成为日常生活的一部分，人们可以方便地饮用，这既是茶的优点，也是其魅力所在。

包治百病?

笔者认为茶的另一大优点是不含有任何添加剂和人工香料，如果不添加糖和牛奶的话，茶的卡路里甚至为 0。（茶和糖的关系我们在二十一章将会详细讲述。）

不只是韩国，世界上很多研究所和大学都在对茶进行研究，各种主张茶有健康疗效的论文和学说不断涌现。20 世纪 80 年代 [1] 人们慢慢开始研究茶。20 世纪 90 年代末、21 世纪初开始，相关研究的媒体报道逐渐增多，现在我们通过网络也能接触到一些。此外，很多主张声称茶具有抗病毒、抑制牙垢、抗炎症、降低胆固醇、预防肥胖和糖尿病、预防动脉硬化和心脏疾病等多种功效。近来人们主要集中于研究茶对于癌症、心脏病、脑出血、肥胖等疾病的预防和治疗作用。

世界各地在促进健康、预防和治疗疾病领域正积极展开有关茶的研究及临床试验，各种肯定性的主张被发表。若是

---

[1] 这也可以看作是同一时期消费者重新关注茶及红茶的反映。对此，在第十四章《玛利阿奇兄弟》和第二十六章《红茶的复兴》会详细说明。

按照这些主张，茶便成为一种包治百病的饮料。

身心的守护者

虽然各种有关茶的研究成果和主张不断涌现，但是至今为止，获得具有公信力组织认可的却很少。例如，美国食品药品监督管理局等机构从未正式发表声明称茶或者茶叶里的多酚具有预防癌症的效果。

所以作为饮茶者，分清哪些研究是被证实的，哪些研究是极可能被证实的，以及哪些研究多少有些夸张的嫌疑是非常重要的。这是因为研究对象——茶和茶的生产过程有很多的变数，想控制这些变数并将其标准化是很困难的。此外，即使在实验室里以动物为实验对象取得了有效的研究成果，想将之运用在人体上并取得有效成果则又需要经过不同的过程。

所以，虽然我愿意相信茶的好处很多，但是在一切得到证实之前，相比于确信茶具有某些功能，运用"可能性高""可能会有帮助"等表达更合理，这样人们在接受这些观点时也会觉得更科学。

如上所述，虽然在医学上没有百分之百证实，但是对茶持乐观态度并有相当多证据的主张不断涌现，相反，否定茶的主张几乎没有。这是件多么值得庆幸的事情！另外，笔者将自己多年饮茶的身心感受同周边多年饮茶的人们相比较，明显感受到茶对于身体和精神有较大的帮助。

最重要的是，人类数千年来一直饮茶。人们只是需要具体思考"茶到底有何好处"，缺乏相对应的具体证据而已。

虽然说茶包治百病显得可笑，但是人类长久以来一直饮茶，饮茶者的自身感受颇多，再加上对茶持乐观态度的各种研究都在进行中，因此在这种情况下疑心茶的功效也并非明智之举。

我们何不一边品茶，享受着茶在某一瞬间给予我们身心的莫大安慰，一边将茶看作是一位潜在的健康守护者呢？

第二十章
红茶的成分

　　仔细来看，一杯茶从茶叶开始到沏好端出来为止，期间可以说涉及数百种成分。这些成分正是茶为何有利于健康的证据。严格来说，人们至今为止仍未能了解茶的全部成分，即使是针对已知的成分，也并非都能从医学、科学角度明确证明。

　　如今全世界有很多人饮茶。茶叶本身具有很多从有机体中发现的成分，还具有植物特有的特征。在沏好的茶里，茶具有的那些令人惊讶的功能则都是因为含有多酚、植物碱基、茶氨酸等成分。

　　最近，有关茶的研究主要集中于抗氧化物质——含有儿茶素的多酚。但是，纵观茶的数千年历史，人们主要是因为茶具有醒神和缓解紧张的效果才重视起茶来的。

　　这是茶所含有的咖啡因和茶氨酸的效果。咖啡因是植物碱基成分，茶氨酸是氨基酸成分。咖啡因是我们非常熟悉的成分，但争议较大。虽然读者们可能不太熟悉茶氨酸，但它是一种决定茶特性的十分重要的元素。

多酚、儿茶素、单宁

多酚因其抗氧化作用而广为人知，不仅植物、蔬菜、水果中含有多酚，啤酒、咖啡、可可、红酒、茶中也被发现含有多酚，它是一种种类较多的天然有机化合物。多酚中50%的成分为黄烷类化合物。茶树的芽和叶子的多酚中也包含着黄烷类抗氧化化合物。

黄烷类化合物由黄酮醇、黄烷醇两种物质组成。茶叶中含有黄烷醇，而儿茶素则是黄烷醇的衍生物，儿茶素是茶防御氧自由基的最重要的抗氧化武器。

儿茶素主要分为四种：表儿茶素（Epicatechin EC）、表没食子儿茶素（Epigallocatechin EGC）、表儿茶素没食子酸酯（Epicatechin gallate ECG）、表没食子儿茶素没食子酸酯（Epigallocatechin gallate EGCG），其中最后一种表没食子儿茶素没食子酸酯最为丰富，也最为活跃[1]，一般被称为单宁，是茶被泡开的时候散发出苦涩味的成分[2]。不仅在茶中，单宁也是决定红酒味道的重要因素。虽然日常生活中常常涉及，但是有关单宁的研究却并不多，资料也并不充足。而且有些资料的主张相互矛盾，多少令人感到混乱。但是，可以明确的是单宁是多酚中的一种化合物，和儿茶素有关。

绿茶中的儿茶素含量最高。这是因为绿茶是非氧化茶。而与之相反，红茶作为一种氧化茶，在氧化过程中一部分儿

---

[1] MARY LOU HEISS, ROBERT J HEISS. The story of tea [M]. Emeryville, CA: Ten Speed Press, 2007: 305.

[2] Kevin Gascoyne 外，Tea: history, terroirs, varietes [M]. Richmond Hill, ON, CAN: Firefly Books, 2011: 248.

茶素转化成了两种名为茶黄素和茶红素的抗氧化物质。这两种成分对红茶的色泽和味道起到主要影响。

茶黄素 vs. 茶红素

随着氧化开始，首先出现的成分是茶黄素，茶黄素使茶变为金橘色，使口感变得有些粗糙生涩。氧化继续进行的话就会出现茶红素。茶红素会使茶有一种醇和的口感，并使茶汤变成红褐色。氧化越持久，茶红素的含量就越多，茶也就越有滋味。

中国红茶的口感整体上比印度或斯里兰卡的红茶要柔和，这是因为中国红茶氧化时间长，茶红素较多。也就是说，红茶的制作方法和制作条件决定了茶黄素和茶红素所占的比例，相应地也会影响茶的色泽和味道。所以红茶制作者们为了生产出主要消费群体喜好的红茶，需要适当地控制制茶过程。

红茶中含有稍微复杂的类黄酮（即多酚）——茶黄素和茶红素，而绿茶中只含有名为儿茶素的类黄酮。

也有人声称含有大量儿茶素的绿茶对健康更有利。关于这一成分的研究尚处于初级阶段，部分研究者推测氧化过程中转化成的茶黄素和茶红素拥有和儿茶素一样的作用或者比儿茶素的抗氧化作用更强，这一领域尚待研究。

植物碱基

在茶中发现的三种植物碱基中，咖啡因最为重要。咖啡因有使中枢神经兴奋的作用，也存在于咖啡和可可之中。

咖啡因饱受争议却又深得人们喜爱，恐怕再没有什么成分能像咖啡因一样让人喜忧参半。严格来说，人们争论的重点并不是咖啡因是好是坏，而是现代人在日常生活中过度摄取咖啡因，导致副作用。回首茶在中国的起源和扩散过程，冥想、修炼的僧人或道人们曾将茶用于保持良好的精神状态、集中注意力、消除疲劳感。这其实是因为古人已经知道了茶中所含有的咖啡因的作用。

即便已经过去了几千年，人们仍喜爱咖啡因的这一功效，这也是人们喝茶或咖啡的重要原因之一。在 16 世纪的欧洲，相比于红茶，咖啡先被欧洲人接受，这是因为咖啡的提神效果（当然人们当时并不了解咖啡因）和当时新兴起的资产阶级以理性为中心的思想相符合。也就是说，咖啡因本身的提神效果并没有问题，过量摄取咖啡因才是问题所在。

茶和咖啡里的咖啡因

单宁和咖啡因同为植物碱基。咖啡因于 1920 年在咖啡中被发现，单宁则于 1927 年在茶中被发现，但是 1938 年二者被确认为同一物质。所以现在人们几乎不说单宁了。然而，咖啡和茶中的咖啡因虽是同一物质，但是二者作用原理并不相同。即茶里的咖啡因和仅存在于茶中的成分相结合后对身体产生的影响和咖啡里的咖啡因对人体的影响并不相同。

据说，茶沏好之后，茶氨酸会和一种多酚——单宁一起散发出来，茶氨酸只有在茶里才有，它在某种程度上有利于缓解咖啡因的刺激效果，尤其是有延迟咖啡因吸收的作用[1]。

----

① Kevin Gascoyne 外，同书，248 页

咖啡里的咖啡因则会被身体迅速吸收，身体反应也相对较快，但是效果也会快速消失，而茶里的咖啡因吸收较慢，效果也较持续。

若是为了一个小时的考试，咖啡可能更有效，但若是要驾驶几小时，那茶会更有效，因此，二者各有优缺点。虽然茶内部的单宁等能弱化咖啡的效果，但究竟是只延迟了吸收的速度，还是咖啡因的吸收被弱化了，还有待后续研究证明。

咖啡因的特征

茶内所含咖啡因具有如下几个特征。第一，采摘的茶叶某种程度上决定了咖啡因的含量。新芽含有大量咖啡因，越往后咖啡因含量越少，即越早被采摘的茶叶，咖啡因含量越多。所以，用新芽制成的白茶咖啡因含量相当高[①]。

第二，沏茶的水温越高，释放出的咖啡因就越多。红茶或绿茶分别有各自合适的沏茶温度。在合适的温度下，红茶和绿茶会释放出一定量的咖啡因。比标准温度高或低，释放出的咖啡因的量也会增加或减少。

第三，沏茶的时间也会影响茶水中释放出的咖啡因含量。咖啡因倾向于在前期大量释放。咖啡因的释放量并不是和时间成正比，越往后释出的咖啡因越少。

像绿茶或乌龙茶那样反复冲泡的话，越往后释放出的咖啡因越少。

需要注意的是，咖啡因在前期虽然大量释放，但是弱化

---

① Michael Harney, The Harney & Sons Guide to Tea, Penguin Press HC, 2008: 195.

咖啡因效果的多酚和单宁却是持续稳定地释放的。有时，人们为了减少咖啡因的摄取量，会立刻取出茶包。这时因为弱化咖啡因的成分还未能释放，反而可能导致人们摄取更多的咖啡因。

茶和咖啡里的咖啡因含量

饮用咖啡或茶的人会好奇红茶和咖啡里的咖啡因含量。虽然一般来说 100 克咖啡豆的咖啡因含量多于 100 克茶叶，但是因为每杯茶或咖啡消耗的量不同，所以一杯茶的咖啡因含量实际约是一杯咖啡的二分之一。

但是，这也只是一般来说，我们喝的每杯茶或咖啡根据茶叶或者咖啡的不同，咖啡因含量也有很大的变化。所以，准确计算咖啡因的含量不是件容易的事。再者，这只是测算茶和咖啡里的咖啡因含量，而咖啡因的吸收问题又是另一问题了。从吸收层面来说，只有茶才含有的一些其他成分能减少咖啡因的吸收。而且，饮茶者个人的新陈代谢不同，其对食物的吸收程度，甚至连咖啡因的吸收程度也会不同。

人们对咖啡进行了大量的研究，现在也还在研究之中。这些研究的核心是咖啡因有很多优点，只要人们适量摄取，是不会有害健康的。但是适量究竟是多少，人们却只能通过个人经验来探索了。

茶氨酸

茶虽然含有咖啡因，但却和只具备提神效果的咖啡不同，还具有缓解紧张的作用，这种作用源自一种叫茶氨酸的氨基酸[①]。茶中含有二十多种氨基酸，其中茶氨酸占 50% 至 60%。氨基酸会影响茶的滋味。日本人喜欢的回甘鲜醇之味便来自氨基酸。

茶氨酸除了茶以外，在其他植物中很难发现，1950 年一位日本人发现了茶氨酸。日本人为了提高茶的茶氨酸含量，采用遮光栽培的方式种植了高级绿茶——玉露。众所周知，普通的光合反应会减少茶氨酸的含量。

茶氨酸使我们在喝茶的时候，能从肉体上和精神上释放压力、心情舒畅，而不像喝咖啡时的简单、强烈的感受。现在很多相关研究正在进行中。茶氨酸除了可以缓解紧张之外，正如上所述，还可以和多酚相结合，抑制咖啡因的吸收或者延迟咖啡因吸收。

香气成分

刚采摘下来的茶叶虽然新鲜有光泽，看起来生气勃勃，但是味道却和我们的期待相差甚远，只散发出一股苦涩的草味儿。科学家们在沏好的茶里发现的六百多种香味大部分都是在制茶的过程中形成的。

我们喜爱的香味其实是融合了茶树里的 6 种化合物形成的，他们是色素成分、糖分、氨基酸、脂肪酸、咖啡因、多酚[②]。

茶的香气一般受茶树种类和风土的影响。要想做出香气和味道都很出色的茶，就要在黄金时期采摘茶叶，即在这些

[①] The Story of Tea, 351; The Harney & Sons Guide to Tea, 195.

[②] The Harney & Sons Guide to Tea, 197.

化合物都以最合适的比率存在的时候采摘，一般来说春天采茶较好。

茶叶采摘下来之后，随着水分和营养成分的流失，会发生一些变化。其中，茶叶里的脂肪酸变成香味合成物会引起香味的变化。这一现象主要发生在茶叶水分减少的萎凋过程中。茶叶的萎凋过程越长，最终制成的茶散发出的香味也就越多。

所以，几乎没有萎凋过程的绿茶香味并不浓郁。但是因为在杀青过程中绿茶要受热，所以会形成清香扑鼻的香气，这种香气为二氮杂苯、吡咯、呋喃等氮氧化合物。

相反，萎凋过程较长的红茶散发出成熟的果香或花香。随着茶叶逐渐干燥，香气合成物也逐渐浓缩，脂肪酸持续分解成香气更浓的合成物，如天竺葵香味的香叶醇，茉莉香的茉莉酮酸甲酯等。这样形成的数百种成分再经过复杂的相互作用，形成各种香气。

我无法忘怀参观斯里兰卡的茶厂萎凋室时候闻到的那些新鲜又丰富的香气。红茶的香气在氧化过程中也会持续形成，和萎凋一样，也是氧化时间越长香气越丰富多样。

第二十一章
红茶和糖

百病之源 vs. 包治百病

　　红茶究竟有何魅力？人们为什么要喝红茶？这种问题虽然很简单，但是每个人的回答都不同，恐怕是饮者有多少，答案便有多少了。此外，一个人可能还会有好几种理由。

　　笔者当然也有很多理由，但是在这里我主要想针对红茶和糖的关系来论述。今天，糖被看作"百病之源"，每个人都尽可能地减少糖的摄取量，公司销售的饮料、食品也都尽可能少地添加糖，并把这作为卖点在广告上宣传。

　　那么，糖真的只有坏处吗？若是我说糖曾经被视为"包治百病"之物，你会相信吗？但是，实际上糖就是一种补充基本能量的食品，是我们人体生长、供能所需的三大营养素之一——碳水化合物的源泉。

　　韩国在经济困难、民不聊生的时候成立的第一家公司便是如今三星集团的前身——第一制糖，它是一家加工、销售糖的公司。

总而言之，糖仍然有可能是"包治百病"的药。那么，问题到底在哪？人们过度摄入糖分便是问题所在。虽然，人们可能觉得自己摄入的糖分并不多，但是实际上我们吃的食物中，几乎没有不含糖分的东西。众所周知，可乐、雪碧等碳酸饮料中含有大量糖分，但是，随着我们摄入加工食品的机会增加，有时我们甚至没意识到，就已经摄入了大量糖分[1]。我们在无意识中摄入的糖分含量才是问题所在。如今随着经济发展，人们饮食习惯改变，摄入的糖分会逐渐增加。而这些糖分是我们自己很难控制的，所以我们必须减少可以控制的糖分摄入。

若说 18 世纪中叶以后红茶在英国迅速流行的原因之一是红茶加糖饮用很美味，那么如今，红茶受欢迎的原因便是其不放糖也一样美味。现在我们来通过历史，细看这一反转。

16、17 世纪，随着大航海时代开启，各种新奇的小吃从其他地区流入欧洲，成为了日常食品。这其中就包括糖、咖啡、巧克力、土豆、玉米、米、香烟、西红柿、辣椒、花生等，当然茶也包含在其中。

早期，人们认为糖和茶的共同点是价格昂贵，且都是药物[2]。虽然茶在英国曾被当作药物销售，但是糖在很久之前就凭借科学理论，成为大众接受的药物。

十字军从阿拉伯回到欧洲时，糖也被一同带入了欧洲。从那时起，糖就被当作一种包治百病的药物。以今日的标准

---

[1] 2009 年韩国人均糖消费量 26 千克，人均米消费量 75 千克，韩国人每年消耗的糖的重量是米的重量的三分之一。然而，这么多的量还只是处于平均水平。

[2] 1662 年凯瑟琳公主出嫁的时候将糖作为嫁妆带了过去，可见糖之珍贵。

第四部　如何品味红茶

来看，当时世界大部分人民处于极为严重的慢性营养失调状态，在有些情况下，高热量的糖可以说是一种立竿见影的特效药。这和当今世界也有些相似。笔者小时候感冒或者发烧时就会喝糖水或汤，其实就是摄入糖分。据说，16世纪后欧洲处于非常绝望的处境之时，人们使用了"糖是天上掉下来的药房"这种表达，由此可见，糖在当时是一种必备药品。

英国成为红茶之国的一大重要原因便是英国开始在茶里加糖。没有谁会喜欢苦涩的茶，何况红茶还很贵。加了糖的香甜红茶变成了"真正的英式红茶"[①]。

虽然会有为上流社会准备的优质茶，但是一般来说，茶叶需要在中国收获、加工，经过漫长陆路到达港口，再经过15个月左右漫长的海上航行，到达时已是混乱不堪的状态。从这一点上来看，当时茶的品质和今天是无法相提并论的，口感是相当苦涩的。

加糖可以让苦涩的茶变成香甜的味道，再加上茶包含咖啡因，它便作为一种能让人心情变好的魅力饮料而被人们所接受了。

直到18世纪初为止，由于价格昂贵，糖和茶还只是上流社会的消费品。被看作是富人阶级奢侈品的糖和茶向其他阶层扩散导致价格下滑。当然，这也不过是从非常昂贵的价格变成了比较昂贵而已。

[①] 加了糖的香甜红茶对于英国社会的影响在《甜蜜与权力》（Sweetness and Power）（Sidney. W. Mintz、金文浩（音）著，芝湖出版社，1998）216–228页有详细说明。

18 世纪 30 年代开始，由于从中国进口的茶叶日趋稳定，进口量也比以前有所增加，茶叶的价格开始下降。这时，适逢糖的产地加勒比海掀起了蔗糖革命，糖的总量上升，价格也有所下降了。

茶消费量的增加如下所示：

1721 年，453 吨，700 万人口，每年每人 32 杯

1790 年，7300 吨，1200 万人口，每人每年 304 杯，每天 0.83 杯 [1]

如上所述，英国人的茶饮用量快速增加。从西印度殖民地进口的糖的年消费量从 17 世纪 90 年代的人均 1.8 克上升到了 18 世纪 90 年代的人均 10 克。学者们认为糖消费量即使不是全部，也有大部分是随着茶的消费量上升而增加的。

18 世纪英国人平均茶消费量是法国人的十倍以上，这证明了前文观点。法国从西印度进口糖绝对没有任何问题，从而可以推测因法国人不喝红茶才造成了这种差异。

虽然一开始人们可能是为了喝苦涩的茶才加糖，但是随着时间推移，可能变成人们为了能更好地享用可以提供能量的糖而去喝茶。所以茶和糖的消费量的增加是相互影响的，不能单独说谁因为谁而增长。

18 世纪 60 年代，红茶的流行和英国开始工业革命有关系。工业革命使社会由农业社会进入早期工业社会，形成了众人聚集工作的工厂模式。出现了在农业社会并不重要的上下班

---

[1] 一杯算下来放入 2 克糖。

时间。随着早晨的时间变得紧张，在红茶里简单地倒入热水，加糖，就成了工人们的美味早餐。另外，由于1784年沉重的赋税大幅下降，茶的价格也大大降低。

18世纪后期，由于英国粮食不足，大部分国民都饱受饥饿煎熬，加了糖的红茶不再是红茶爱好者的专利，而成为了一种必备的营养供给品。茶并不含有任何营养素，但喝茶却成为了摄入糖分的一种手段。实际上18世纪中期，一些人是反对饮茶的，他们批判饮茶者因为味道而去饮用不含任何营养素的茶。但是，相比于直接喝能补充能量的糖水，喝香甜浓烈的红茶有助于人们克服困难的生活。

牛奶也是一种可以减轻红茶苦味的东西。17世纪末18世纪初，人们知道了牛奶可以减轻茶苦涩的口感后，便开始在茶里加牛奶，18世纪中叶这种做法普及开来。这一时期，英国人几乎都从喝绿茶转变成喝红茶了。因为加了牛奶的红茶比绿茶更美味[1]。

新兴的工人阶级逐渐开始依赖加了糖和牛奶的红茶，他们一日所需的营养成分有很大一部分由茶供给。也就是说茶甚至提供了能量和蛋白质。随着工厂模式渐渐普及开来，雇主们意识到在劳动途中设置茶歇时间（tea break），喝一杯加了糖、奶的红茶有利于提高工人的工作效率。和我们现在工作的时候要是累了，就喝杯速溶咖啡充充电是一样的道理。

含有咖啡因和丰富糖分的红茶逐渐成为了英国人生活中

---

[1] 英国也是一开始饮用绿茶，后来渐渐转向饮用红茶，1730年左右，红茶的进口量比绿茶多，过了一段时间几乎全部变成了饮用红茶。相关事项详见本章结尾"由饮用绿茶转向饮用红茶的理由"部分。

的必需品。简单来说，红茶对于上流社会可能是一种喜爱的饮品，但是对于这之外的大部分人来说，加了糖、奶的红茶是一种生活必需品。

21 世纪的红茶

如今在韩国，咖啡和红茶不是生活必需品，而是人们喜爱的饮品。也就是说，和过去的英国一样，人们不是为了生存而饮用他们，是为了享受才去喝茶或咖啡。然而，要想享用红茶或咖啡，需要糖才行。于是，为了让人们更愉快地享用咖啡或茶，糕点中几乎没有不加糖的。

最近，红茶不再是英国工人们喝的劣质红茶了。随着加工方法、保存方法的改善及运送手段有所发展，不论价格高低，现代人基本上喝的都是品质不错的红茶。

所以，如今红茶里不加糖也可以饮用。而且会因为加了糖而丧失红茶原来的味道。我们常说的"红茶微涩"，其实是因为没泡好的原因。要是真正泡好的红茶，还是不放糖更美味些。

红茶可以大量饮用。笔者一次会泡 400 毫升的红茶，每天至少会喝 4 至 5 次，几乎有 2 升了。据世界卫生组织发布的报告称每天饮用 2 升水能减少 80% 的疾病，就算我不引用该报告，我们也都知道多喝水有利于健康。红茶 99% 都是水。在 400 毫升的水中泡 2 至 3 克茶叶，几乎就是在喝水。红茶不仅好喝，还能给予身体和心灵上的安慰，这正是红茶的优点。

曾经，喝红茶是营养不足的英国人补充糖分的一种手段，如今，处在一个营养过剩的时代，红茶变成了一种没有糖也可以享用的饮品。

🫖 Tea Time: 由饮用绿茶转向饮用红茶的理由

最先进入欧洲的茶是普通的中国绿茶。最初进口的绿茶的品质相对来说还是比较好的。绿茶醇正的口感吸引了包括王族、贵族在内的上流社会人们的注意，再加上茶叶量少、价格高，人们将茶叶放在瓷器里密封，尽全力保管好茶叶。但是，随着茶叶量不断上升，出现了品质问题，准确来说，可以推测是茶叶保管方面出现了品质问题。

绿茶到达欧洲，算上从中国内陆到港口的时间，以及装船运送到欧洲的时间，大致需要18至24个月的时间。当时绿茶包装水准不如现在，绿茶在那样恶劣的情况下被保存18个月，我们可以直观地感觉到当时欧洲人喝的是什么品质的绿茶。

随着绿茶进口量一点点增加，红茶也一同进入了欧洲[①]。红茶在制造过程中已经氧化，相比于未氧化的绿茶，其良好品质可以保持更久，味道相对来说也会更好。此外，还有种说法是，伦敦的水和红茶更相配。

如上所述，虽不知道红茶味道是否好于绿茶，但当时红茶是比较苦涩的，和如今红茶的品质无法相提并论。正逢当时欧洲开始正式进口糖，人们便在红茶里加糖，过一段时间后又在红茶里加牛奶，这样的红茶口感更加柔滑、更加美味。

---

① 针对这一过程及红茶的术语在第二章《红茶的诞生》里有所叙述。

再者，红茶还能提供糖分和蛋白质，具有补充能量的作用。

　　加入了糖、奶的红茶相比于绿茶更适合英国人的口味，人们逐渐改成了饮用红茶。当然，因为当时茶的价格非常贵，出现了不少假茶，而红茶比绿茶更难制作，假货较少，这也在一定程度上影响了消费者的选择。

**第二十二章
泡美味红茶
的方法**

　　一般人会觉得红茶有点涩。笔者第一次沏出的红茶也有些苦涩。那么人们对于红茶这苦涩口感的记忆究竟源自何处? 笔者第一次沏的茶有为何会有些涩呢?

　　首先也是主要的原因便是没有泡好。其次，可能是因为使用的是质量不够优质的红茶，用了便宜的茶包（虽然最近也有很多优质的茶包）。最后，是因为我们的舌头已完全适应了甜味。

　　虽然这样列出了三大原因，但其中最主要原因还是茶没有泡好。那么茶没有泡好具体是指哪些方面呢? 指的是茶叶与水的比例、水温、泡茶时间长短的情况。只要调节好这三点，便能进入一个崭新的世界。

泡茶的科学

　　科学、诚心及和谐便是泡出好茶的方法。这里的科学指的是所有人都可以学会的一些规则。

首先，遵守有关茶和水的比例、水温、泡茶时间的标准即可。但是，笔者想要说在前面的是，每个人喜欢的味道都不一样，你们熟悉了流程之后找到自己喜好口味的泡法即可，这里笔者介绍的只是一般口味红茶的泡制方法，只是为初学者提供的一种标准。此外，虽然每种红茶大致会有些不同，但当你们第一次饮用不熟悉的红茶之时，遵守这些规则比较好。

红茶的量

按一人的饮用量来算，需要红茶 2 克、沸水 400 毫升、3分钟时间。为帮助大家理解，下面我来列举一些数字。假设一个普通人对于茶的口感有上限和下限，浓烈的口感打 80 分，淡薄的口感打 60 分，那么 60 到 80 便是能让饮茶者觉得还不错或是很美味的范围。笔者这里介绍的红茶 2 克、沸水 400毫升、3 分钟时间的标准便是人们能舒服享用的 60 至 80 范围里的 60。即是值得品尝的范围里口感较弱的标准。以这一标准为起点，每次增加 0.3 克或者 0.5 克，寻找自己喜欢的味道即可。

泡茶的时间和水量

泡茶的时间一般为 3 分钟。English Breakfast、Afternoon Tea 等公司的混合茶也适用这一标准。祁门、云南等中国红茶泡 5 分钟比较合适。辛格庄园等全叶红茶需要在 3 至 5 分钟之间找一个合适的时间值。以此为标准，调整泡茶时间的长短，发现适合的时间，泡出符合自己口味的红茶。但是，茶包泡 3

分钟以上是不恰当的。

就个人经验来看,红茶的量和时间先从低值（2 克 /3 分钟）开始,初学者们先适应红茶的味道,这对于日后发展自身品茶、鉴赏能力有很大帮助。

至少要有 400 毫升的水才能让茶叶在水里充分跳跃（Jumping）[1],此外,让热水的温度维持 3 至 5 分钟,能让茶叶释放出其味道之精华。水要用沸水。但是,大吉岭初摘红茶这种用嫩叶制成的红茶,用晾过的开水泡会合适些。我们现在使用的电水壶就算看起来煮沸了,但是水温却没达到 100 度的情况很多,所以就算显示已经煮沸,还需要再煮 10 至 20 秒。

茶壶

茶壶的容量不能过小,泡茶的水占据茶壶 70% 的空间比较合适。为了泡 400 毫升的茶,需要准备容量为 600 毫升左右的茶壶。

最常用的茶壶是瓷器茶壶和玻璃茶壶。瓷器茶壶虽然设计精美,显得很有品味,但是玻璃茶壶可以看到茶被泡开的生动过程,因此最近很受欢迎。泡茶的时候一定要盖上茶壶盖。只有这样茶叶才能均匀展开,泡出的茶才更加好喝。可能是从理论上来说,盖上茶壶盖有利于保持水温,而且能锁住泡茶过程中散发出的茶香。

还有一个注意事项是预热茶壶和茶盏。沸水最好装在茶

---

[1] 跳跃（Jumping）指在玻璃茶壶等容器里泡茶的时候,随着热水形成对流,茶叶上下浮动。

壶里维持其温度，另外，为了长时间享用泡好的热茶，先热好茶具比较好。

为了红茶绝佳的味道和香味

到这里为止主要介绍了前文所提的科学，即谁都可以学会的一些规则。剩下的就凭泡茶者的诚意和感觉了。即使以同样的方式泡茶，也有人会泡得好一些，即所谓手艺好的人。

为所爱的人泡茶和以一种不乐意的心态泡茶时，茶的味道绝不可能一样。泡茶的3至5分钟时间里，或摇晃几次茶壶，或凝视几次茶壶，这些小小的诚意最终都会融进茶的味道里。

还有，准备好茶也是一件很重要的事。若是没有选择好茶的眼光，那就选择可信的公司生产日期较近的茶。经受过时间考验的优秀茶叶公司有很多不错的品牌，有的在韩国就能买到，若是有些茶还未进口，通过代购或者网络也可以购买。

虽然这样会有些麻烦，但是只要克服了这些麻烦，在韩国国内便可以品尝到欧洲人饮用的味道和香气极佳的红茶。按照规则泡制优质的红茶，可以品尝到绝对不一样的红茶的味道，这与此前品尝到的味道是截然不同的。

红茶有一大缺点，就是在办公室或者工作单位，用纸杯和饮水机的水泡茶的话，绝对不可能享受到优质红茶的味道。如速溶咖啡般，倒入纸杯，花30秒到1分钟冲泡，再花3分钟喝完，红茶和这样的快速模式绝不相配。

将红茶泡好后，将依旧很烫的红茶倒入容量约为250至

300 毫升的茶杯中，表面会出现雾气 [1]，白雾袅袅升起。将鼻子凑上前去，深吸一口，一股茶香扑面而来。慢慢等候红茶冷去的时间，人们悠闲自在，营造出一种适宜品赏红茶的氛围。

　　这样品茶，茶绝对不会苦涩。不加糖人们也能体味到舌尖被柔软香气裹住的感觉。我好想用这样的美味红茶招待那些觉得红茶苦涩不好喝的人们。

---

① 白雾（Foggy Crack）是指将泡开的红茶倒入预热好的杯中，生成白色的雾气似遮挡了茶水表面。而且，茶水和茶杯接触的地方会形成金色的圆圈，叫做金圈。这些都是泡制优质红茶时的现象。

第二十三章
评茶

　　评茶即评价茶的等级和品质。虽然这样说有些复杂，但其实我们喝茶的时候对于茶的感觉也是一种品评。一个人独自品茶，和爱茶之人聚在一起品茶并交换意见，以及从专业角度评价茶的过程，在某种程度上并没有太大差别。只不过公开场合的品评，步骤更加的规范化、客观化而已。学会评茶的步骤，日后自己一个人喝茶的时候想必也会用到。下面将对评茶的五个步骤进行详细介绍。

第一，看茶叶外形。

　　在冲泡之前，虽不能通过茶叶外形 100% 准确预测，但在某种程度上能预测出最终泡出的茶的品质。茶叶外形相似且一致则较为优质。茶叶形状、大小都要一致。残渣多的话则不好。此外，金圈也是好茶的一个标志。至于颜色，要选择看起来有光泽的。此外，茶叶散发出新鲜的香气也是好茶。

　　　　　　　　　　　　第四部　如何品味红茶

第二，看汤色。

一般来说，泡好的茶会呈现这种茶固有的基本颜色，例如，大吉岭初摘红茶呈浅琥珀色，阿萨姆红茶呈红褐色。若是汤色和一般了解到的情况有较大差异，那么很有可能是加工或者泡茶的过程有误。

若是和一般情况差别不大，那么评价茶汤是清澈明净还是浑浊暗沉即可。看起来令人愉悦的茶，大体上都是比较美味的。

第三，闻茶底的香味。

我们一般会闻茶汤的香味，而专家们则会闻茶底的香味。将茶水都滤去，打开茶壶的壶盖，将热气释放出去，之后将鼻子凑上前去，便能闻到叶底丰富的香味。可以比较一下还有热气时所闻到的热嗅、稍微凉一些时的温嗅及完全凉下来时的冷嗅。从笔者个人经验来看，越是好茶，冷嗅中越会留下浓浓的类似花香的味道，香气会更芬芳、更持久。

第四，品茶。

品茶时也需要一定的技术。不要直接喝，要像喝热水时一般，唇间发出"咻"的一声，喝下一小口茶。将一小口茶和空气迅速有力地吸入嘴里，在口腔内迅速散开。这样喝的话，茶可以同时接触口腔内各处的味觉器官，能够一次充分地感受到茶香，这才是正确的品茶方法。

试饮或者品茶的时候稍微大点声喝茶并不是什么不礼貌的事情，跟着学习正确的饮茶方法也不错。

还有一种一边品茶一边闻香的方法。先让茶在嘴里停留一会儿，然后慢慢下咽，同时鼻子呼气。一些主张认为，这比直接用鼻子闻能更明显地感受到茶的香味。

品茶的时候最重要的一个因素便是茶汤的滋味。有滋味指如同饮用蜂蜜水一般，虽然饮用的是液体，却觉得味道醇厚，给人一种充溢口腔的感觉。没有滋味指茶水如同白水一般流过舌头。就像对于喜爱红酒的人来说，爱尔啤酒（Ale）有滋味，而拉格啤酒（Lager）则没有滋味。虽说这一说法并一定完全准确，但是有滋味是优质茶的一个重要条件。就像好的衣料即使很薄却有韧性，好茶即使不厚重，也有基本的滋味。

现在我们已经对茶的香味和滋味有所评价了，那么我们来看看茶味道本身吧。茶散发着什么味道呢？其实不需要有什么固定观念，觉得什么茶该有什么味道。好的茶，你可以感觉的它的味道在你嘴里变化。而且，随着茶渐渐冷却，味道也会有所变化。上好的辛格庄园红茶冷却之后，味道反而更加醇正。

英式早茶等其他混合茶，凉了之后会觉得茶变厚重了。这是和滋味不同的一种细微差别，会感觉变得苦涩了。喝了这种凉了的茶，有时甚至会觉得想用白水冲刷一遍口腔。

优质茶还有一个标志就是余味。即喝完茶之后，茶味可以在口腔里留存多久。可以用回味无穷或者回甘甚好等来表达。

第五，看茶底。

这一过程在以红茶为主的西方和以绿茶为主的中国有所不同。红茶一般经过较强的揉捻过程，茶叶都破损了，评判泡过的红茶叶就没什么意义了。而制作工艺精湛的绿茶，其泡过的茶叶会变回刚被采摘时的模样，所以泡过的茶叶的形状很重要。

　　总体上通过眼看和触摸，观察茶叶的嫩度、大小的一致性、颜色等，评价其是否是经过精心加工而成。

　　上述的五个步骤可以根据需要进行改良。但是公开评茶，为了保证条件相同，使用的道具是有规格标准的，根据茶品种的不同，茶和水的量及比例、泡茶的时间等都有某种程度的规定。笔者和爱茶之人一起评茶的时候，喜欢用玻璃茶壶，因为可以看到茶被泡开的样子。但是，茶杯我还是尽可能地选用白色瓷杯，因为可以很好地分辨茶的颜色和浊度。

　　有一点需要注意，单纯享用茶的时候和比较茶并进行评价的时候，茶的浓度有所不同。笔者为享用美味的茶，一般在 400 毫升的水中加入 2 至 3 克的茶叶，对于刚开始饮茶的人，我推荐放 2 克茶叶。这样泡出来的茶比较柔和、香味宜人，但是在比较两种茶的时候有可能没法凸显茶的特性。

所以为了更好地比较，试饮的时候 400 毫升的水中要放入 3 至 4 克的茶叶冲泡，这样泡出的茶能更清晰地凸显其特征。专家们评茶的时候，会在 150 毫升的水里放入 3 克茶叶。品评茶的时候氛围和心情也很重要。要和自己觉得舒服的人在舒适的场所进行，同时自己的心情也要舒畅才行。也就是说，不要有意识地考虑别人会怎么看我对于茶的评价。只有处在舒适的氛围中，才能直接说出从茶里感受到的东西。

所谓味道是极度主观的，所以没有正解。西方的品评界有这样一句话："10 位评茶者却能评出 11 种意见。"要像幼儿园小朋友一样想说就说，如果考虑自己这么说别人会怎么想，就会变得不自在，那品评的效果就减半了。再者，笔者自己按照同样的顺序泡同样的茶，每次的味道都会不一样。大概只有 50% 相似。剩余的 50% 受到心情好坏、是否饥饿、是否烦躁、是不是当天第一次喝茶、是否疲惫等多种变数影响而有所不同。

将自己所感受到的味道直接地表达出来，和别人的意见相比较，训练自己感受茶的能力。

回看自己评茶的过程，一开始用散发出花香来表达，后来就会用玫瑰花香、栀子花茶、炎炎夏日往院子里倒水涌上来的泥土的味道等表达。通过这些多样的表达既能让别人产生共鸣还很有趣，重要的是自己喜欢。我们为了愉快享用才饮茶，不能为了评茶而倍感压力。而且，最重要的是，通过评茶可以尝试很多不同种类的茶。

第二十四章
了解红茶
等级

　　用于销售的红茶其包装纸或茶罐上会标有几个大写字母。这是表示红茶等级的专业术语的缩写，提供茶叶的大小及外观的一些信息。茶叶干燥后，其品质基本已经确定了。茶叶在采摘后要经历萎凋、揉捻、氧化、干燥过程，每个阶段的加工导致茶变为大小不一的碎片。茶叶大小不同的话，泡开的速度也不一样，所以将大小不同的茶叶混着泡无法真正地泡好茶。将茶叶从上面倒入一种工具中，该工具由格子大小不同的几张筛子叠起来组成，可以振动，倒入后，茶叶从上面开始，按大小被分类。

　　最上面一层留下的是整叶，整叶能让饮用者感受到这款茶叶拥有的所有味道。整叶作为最优质的茶叶，最先被分出。之后的小一些的叶子被叫作碎叶（Broken）。碎叶是整叶在制造过程中破碎而产生的。碎叶茶比整叶茶泡出来的味道更强烈。

　　一般来说，大一些的茶叶味道更细致，而碎叶茶味道更强烈。

斯里兰卡萨默塞特茶园茶叶中心的样品。三种都是碎叶等级。按照上、左下、右下的顺序茶叶依次变小,右下几乎是茶末等级。碎叶等级的茶的大小也多种多样。

　　下一阶段的茶末的名字来源于将其分离出来的工具风扇。在机器出现之前,茶叶生产者们将茶叶扔向竹制风扇扬起的大风中,从而将茶末分离出来。像面粉一般可以飞起来的轻的茶叶就被归类为茶末,而掉在风扇前的大的茶叶就被归类为好茶。茶末和下一阶段的茶粉主要被用于制作茶包或速溶茶。

　　印度、斯里兰卡等地用正统方法生产出的红茶茶叶,经过加工、干燥后被分为上述四类。采摘后,加工前的新鲜的茶叶已根据其大小、形态等被分类,之后再加工,分别被归入上述种类,从而形成最终等级。也就是说,新鲜茶叶在被采摘后,运送到工厂之前,已经经历了第一阶段的分类。加工前,已经根据茶叶的大小、外观状态、芽的比例等将茶叶分为 OP、FOP、GFOP 级别了。芽尖多的话会被归类为 TGFOP 或更高级别[①]。

如果茶叶是 FOP 级别的话，那么经过加工及干燥后再分类时，整叶则是 FOP 级别，碎叶则是 FBOP 级别。GFOP 级别的茶叶再次分类时，碎叶级别的就被归为 GFBOP。

以上述知识为基础，下面我们来看各级别的详细定义。

整叶分类

FOP（花橙黄白毫 Flowery Orange Pekoe）

FOP 是指采用一芽二叶制成的茶。FOP 是由新芽和非常嫩的茶叶制成，是非常优质的茶。再稍微过段时间，在新芽要长成叶子的时候采摘就是 OP 等级。

OP（橙黄白毫 Orange Pekoe）

OP 是指比 FOP 大、长、尖的茶叶，这些茶叶是在树尖上的新芽正长成叶子的时候采摘下来的。收获时机比 FOP 稍微晚一点。几乎不包括芽尖。

GFOP（金橙黄白毫 Golden Flowery Orange Pekoe）

GFOP 表示可用芽尖更多的 FOP 的最高品质。整叶等级

---

① FOP 级别和碎叶级别容易区分，GFOP 级别以上的 TGFOP 级别、FTGFOP 级别、SFTGFOP 级别从现实角度来看，只看制成的茶叶的话，差别并不明显。所以笔者判断这些级别的茶叶的区分应该是在加工之前进行的。虽然资料并不明确，但是在福特纳姆和玛森发行的《福特纳姆和玛森的茶》的《茶叶分类》一章中提到了能下此判断的内容。

中，根据是否包含芽尖，分为 FOP 和 OP，从 GFOP 开始，随着芽尖的比率增加，前面附加的字母表示的级别也会增高（见下文示例）。GFOP 虽然是更高级别的红茶，但还是应该将其看作是 FOP 的扩充。

之后，再将整叶等级进行细分主要是大吉岭红茶的特色，不过现在阿萨姆红茶叶也按照这种方式分类。

TGFOP（细芽金橙黄白毫 Tippy Golden Flowery Orange Pekoe）

FTGFOP（精制细芽金橙黄白毫 Finest Tippy Golden Flowery Orange Pekoe）

SFTGFOP（特色精制细芽金橙黄白毫 Special Finest Tippy Golden Flowery Orange Pekoe）

白毫 Pekoe

白毫使用比 OP 更老一些的叶子制成。

碎叶分类

碎叶等级是整叶的下一个级别，与整叶一样，也需要在加工前进行第一次分类，干燥后再分类。

GFBOP（金碎花橙白毫 Golden Flowery Broken Orange Pekoe）

FBOP（碎花橙白毫 Flowery Broken Orange Pekoe）

BOP（碎橙白毫 Broken Orange Pekoe）

BOP1（有时会在字母后出现数字1，数字1表示比字母所表示的等级质量更好）

茶末 Fanning

茶末是将整叶和碎叶分离出去后剩下的茶叶，用于制作优质的茶包。

茶粉 Dust

一般茶包中所用的非常小的粉末状的叶子。

需要记住的是，红茶的等级并不一定能说明其质量。

表示红茶等级术语只包含茶叶外观和大小的信息，仅凭这些不足以评价茶的好坏。因为茶的品质取决于茶树品种、栽培地区、栽培过程、茶叶加工过程、销售及保管方式等。

再者，等级的一致性方面没有公认的严格标准，因为在某种程度上公司自己制定标准，所以每个地区或是每种品牌都有少许差异。因此，一定要品尝味道之后再加以评价。

另外，在斯里兰卡用正统方法生产的红茶等级和大吉岭及阿萨姆稍微有些不同，主要分为 OP 等级、碎叶等级，没有 GFOP 等级、整叶等级等。即最常见的等级是 OP、OP1和 BOP、FBOP，偶尔也会有 FBOPF（Flowery Broken Orange Pekoe Fanning）级别。FOP 级别并不常见。

印度红茶加工过程最终导致整叶被粉碎成碎叶，在斯里兰卡也如此，即使是 FOP 级别的茶叶，也要用转子叶片将其弄碎，放弃生产 FOP 级别的茶叶，更多地生产 FBOP 级别的茶叶。

参观斯里兰卡工厂的时候，听说只是因为碎叶级别的茶叶需求量更高，所以才那么做。也有可能是因为斯里兰卡红茶品种或是风土的特征，相比于整叶，碎叶的味道和香气更出色。也有可能是因为不想像印度那样分类那么细。

Dilmah 销售一种名为"极品锡兰毛尖 FBOPF"的产品，其最后的 F 是 Fannings 的缩写，但是其真正的茶叶大小几乎是整叶级别。所以，不能仅凭等级就说斯里兰卡的红茶品质不如印度红茶。

正统红茶公司绝不会毫无根据地标注等级，而会客观地标注等级。所以，一般来说还是可以相信。但必须要明确的是，并没有关于红茶等级的严格标准。所以，我们必须铭记，在买茶的时候，不能认为等级高的昂贵茶叶就一定是好茶。等级和价格只是作为一种参考，爱茶之人用味道来评价茶，而非价格。因此，为了评茶，就需要饮用各种茶。

🫖 Tea Time: 术语整理

花香（flowery）一词是过去英国人不知道芽是叶子的早期状态，认为它是从茶花里长出来的时候用的术语。橙黄（orange）是来源于荷兰王室奥兰治家族（the House of Orange），荷兰是第一个将茶介绍到欧洲的国家。橙黄和橙子绝对没有关系，而是寓意一种高品质的茶。

白毫（Pekoe）原自中文，指茶树叶子背面的细小的银色绒毛。

不论花香、橙黄、白毫这些术语源自何处，都是用于高品质红茶的术语。

　　刚开始喝红茶的时候会有些困惑，一是红茶种类较多，二是不知道红茶茶罐或包装纸上的内容是什么意思。但是和红酒相比较，这些信息还是非常简单的。只要知道几点规律，就能轻而易举地通过标签了解红茶的信息。

　　现在市场上的红茶可以分为几类：用不同国家不同地区的茶混合而成的、以一个地区的茶为茶底混合而成的，还有在同一茶园采摘、生产的茶。其中，大吉岭分得更细，将一种茶园茶按季节分类的情况很多，以下将结合具体例子来说明。标签上出现的等级在前一章已经有所叙述，本章只进行简单介绍。

混合红茶

福特纳姆和玛森—Jubilee Blend Tea

　　Jubilee Blend Tea 是 2012 年为纪念伊丽莎白二世继位 60 周年而制作的茶。茶罐上的内容显示茶叶是用印度、斯里兰

卡和中国的茶叶混合制成的。此外没有任何别的信息。既没有说它产自印度的大吉岭还是阿萨姆，也没说它属于斯里兰卡的茶是高地茶还是低地茶。这款茶可谓是一款典型的只给出最基本茶叶信息的混合茶。

哈罗德—NO.18 Georgian Restaurant Blend

这款茶是哈罗德的长期畅销产品之一。用大吉岭、阿萨姆、斯里兰卡茶叶混合而成。相比于前面的 Jubilee Blend Tea，它至少标清了是大吉岭还阿萨姆产地生产的茶。但是仍未标清大吉岭茶是春摘茶还是夏摘茶，而且茶罐上也未标明茶叶等级，是一款典型的只给出最基本茶叶信息的混合茶。

上面的两款茶都是集合了各自品牌力量的产品，两款都不是单一产地茶，将各个地区各个季节的茶叶混合的可能性很高。

单一地区红茶

罗纳菲特（Ronnefeldt）—Nuwara Eliya OP Summer Herbst

迪尔玛（Dilmah）—Nuwara Eliya PEKOE

曼斯纳（Mlesna）—Dimbula PEKOE

迪尔玛（Dilmah）—Galle District OP1

哈罗德（Harrods）—NO.26 Singel Origin Tea—大吉
岭 Loose Leaf Tea1

上面的产品是一些品牌的单一地区茶。一般地区的名字
在产品名称中会标注出来，有的也标注了季节特征及详细品
质等级。但是只有罗纳菲特标注了茶叶的采摘时期，其他茶
品并没有标明。曼丝纳的 Dimbula 并未标注是中段茶还是高地

茶。哈罗德的产品除了大吉岭以外，大部分等级信息都已标注。哈罗德的大吉岭的收获季节等级未标注清楚。

总体上来说，各品牌的单一地区红茶包含着这些品牌对这一地区茶叶的评价。各品牌将其判断的这个地区茶叶的特征在自己的产品中体现出来。

单一茶园红茶

哈罗德—Single Estate Garden Tea

Darjeeling Castleton Muscatel Loose Leaf Tea [1]

这表示该茶是大吉岭地区卡尔斯顿茶园的散装夏摘茶。Muscatel 表示夏摘茶的意思。

但是它却没有标注基本的等级。似乎是为了体现出让消费者们不要注重等级、相信茶叶公司的自信。实际上等级只能表明茶叶的大小，并不能保证品质。所以要是信任茶叶公司的话，等级就不那么重要了。

卡尔斯顿茶园的夏摘茶供给哈罗德以及其他茶叶公司。即使是同一茶园同一季节的茶叶，哪家公司能够购入更好品质的茶叶便成为关键所在。借此可看出不同公司的能力。

罗纳菲特的大吉岭夏金因由（蔷帕娜）Jungpana 茶园因供给夏摘茶而赫赫有名。

其中标示的 Estate 和 Garden 也有分开写的情况。一般情况下当一个茶园由地区内的几个园子组成，或者是栽培的品

---

① Loose Tea 是指叶茶或者散茶，这里为了与茶包区分特此标明。

种差异明显的时候会分开写。因为大吉岭的味道可能受到少许影响，所以区分开来写很重要。但是，有时候不区分 Estate 和 Garden 直接用的情况也存在。

🫖 Tea Time: 迪尔玛—Seasonal Flesh Very Special Rare Tea

这款茶标签上写着茶叶采摘日期为 2011 年 8 月 9 日，茶园名称是 Uva Highlands，产品的一些特性记录在 Testing Note 一栏里。

这款茶还标明了评茶师的签名，甚至连这一罐茶是总共生产的 4800 罐中的第 487 罐都标明了。签名和数字还不是印刷上去的，而是直接手写的。不仅表明是单一茶园茶，还标注采茶日期，可谓是特例，这也表现出了公司对于自己销售的红茶相当自信。

几乎没有混合红茶或者单一地区红茶标注收获年度。大吉岭卡尔斯顿夏摘茶虽然标明了收获时期是夏季，却没有标明年度。上述红茶几乎都是混合红茶，重要的是他们具有一致的味道和香气，所以达到这一点的话，其他的也就不那么重要了。

虽然像迪尔玛上述这款茶这样连收获日期都标注出来的情况比较少见，但是对大吉岭茶园茶来讲，尤其是春摘茶，标注收获年度的情况很多。可能是因为大吉岭茶园茶氧化不是很彻底，因此相比于其他红茶，确认其是否新鲜很重要。

至于在销售方面，红茶具有价格合理及销售渠道透明的特点。人们主要购买在海内外有一定认知度的红茶，这其中有很多红茶已经正式出口到韩国市场，人们在超市或者网上就可以购买。未进口的红茶可以通过代购或者直接进入红茶公司主页购买。

虽然由于税金和运费，网上购买茶叶的价格会比在当地

　　　　　　　　　　　　　第四部　如何品味红茶

购买贵，但是通过网络人们很容易知道当地的价格，消费者们接受这个价差就好。

我们常喝的罗纳菲特、玛利阿奇兄弟、川宁等牌子的产品在全世界范围内统一销售，所以红茶的品质有所保障。

在还无法判断红茶品质好坏之前，通过饮用这种经过检测的牌子的红茶，熟悉红茶的味道和香气也是一个好方法。

第二十六章
韩国红茶的
历史和复兴

偏见和好奇心

小学的时候我们总是被告知韩国最具代表性水果第一是苹果，第二是梨。当时一直很好奇为什么第二名是梨。因为在笔者的记忆里，梨不是什么好吃的水果，一般在祭祀的时候才会用到。

但是，受女儿的影响，我对梨的偏见渐渐消失了。因为女儿喜欢吃梨，和女儿一起吃了梨之后，我惊喜地发现梨是非常好吃的水果。我不知道自己是什么时候形成了梨不好吃的偏见，然而女儿对梨没有任何偏见，单纯地只是觉得好吃才吃的。之所以讲述这件事是因为韩国人也对红茶持有偏见。

那么，红茶作为世界上最受欢迎的饮料，究竟为什么在韩国不受欢迎呢？

笔者记得小时候和父亲一起去茶馆的时候，在墙上的饮品单上红茶还位列第二位，排在咖啡下面，究竟是什么时候红茶开始从韩国人的日常生活中消失，变得陌生的呢？事实上，这也是笔者开始研究红茶的原因之一。

红茶对于韩国人来说是个新事物吗？韩国也有红茶的历史吗？韩国也生产过红茶吗？ [①]

韩国短暂的红茶历史

韩国在经过解放战争和朝鲜战争后，西方文化不断渗透，受美国影响，形成了以咖啡和红茶为中心的茶馆文化。不仅销售纯红茶，也销售红茶的衍生物——添加了其他食材的柠檬茶、奶茶、生姜茶等。其中，添加一些威士忌的"威士忌茶"在茶馆红极一时。

虽然现在看来很难令人相信，但其实咖啡和红茶是 20 世纪 60 年代到 70 年代前期韩国最流行的两大饮品。韩国经济还未腾飞的时候，红茶和咖啡作为进口商品，受到了 1961 年颁布的《特定外来商品禁止买卖法》及之后开展的"支持国产运动"的冲击，所幸是红茶后来可以在韩国生产了。

殖民统治时期，日本人认为全罗南道宝成郡是最佳茶叶栽培基地，在那里开设了茶园。但是，受到战争的影响，茶园很长一段时间处于废弃状态，20 世纪 50 年代后期，依靠韩国人的努力，部分茶园开使运营起来。当时，受《特定外来商品禁止买卖法》的影响，国产红茶需求急剧增加。

全罗南道宝成郡和河东一代形成了产茶基地，茶叶产量也有所上升。20 世纪 60 到 70 年代是国产红茶销量最大的时期。这就是笔者去茶馆看到那张饮品单的时代。

---

① 以下文字主要参考郑恩熙《20 世纪 60 至 70 年代韩国国产红茶的生产和流通》（圆光大学大学院论文集 第 39 篇）。

国立民俗博物馆展示的历史上茶馆的饮料单，红茶比生姜茶贵 50 韩元。

20 世纪 70 年代初，红茶供不应求，市场上开始出现假茶叶和劣质红茶。20 世纪 70 年代，报纸上经常刊登劣质红茶中添加了有害健康的色素的新闻。1976 年，由于连续的冬季寒潮和干旱，茶树被冻死，随着供给大幅下降，国产红茶的消费者也减少了。

　　但是，当时的劣质产品不只有红茶，还有米酒、啤酒、咖啡等。国民素质不够和政府监管不力在某种程度上是其原因所在。20 世纪 70 年代后期开始，人们开发出软饮料，如乳酸菌饮料等，消费者的选择增多，红茶的消费者就更少了。

振兴绿茶

　　20 世纪 70 年代末 80 年代初，在政府的扶持下，人们开始关注绿茶。这种社会风气极大地影响了红茶，使红茶逐渐被市场遗忘。[1]

　　和韩国人通常了解的不同，绿茶其实是进入 20 世纪 80 年代后才成为大众性的饮料的。仅仅在 20 世纪 70 年代绿茶还只有一小部分阶层饮用，一般国民并不熟悉绿茶。经过 20 世纪 70 至 80 年代，振兴绿茶文化作为政府文化政策一部分的传统文化运动，使大众逐渐开始关注绿茶。

　　由于受到殖民地时期对于韩国文化的歪曲教育及迅速涌入的西方文化影响，韩国传统被视为落后，无视及排斥传统的人很多。民族认同性，甚至民族文化复兴处于崩溃的边缘。

---

[1] 以下文字主要参考张允熙的《20 世纪 80 年代以后的绿茶产业形成研究——以太平洋雪绿茶为中心》(诚信女大文化产业大学院硕士学位论文)。

进入 20 世纪 60 至 70 年代，以大学生为中心展开了民族认同性确立运动，政府也开始关注民族文化传统复兴。在这种背景下，根据政府文化政策，针对饮茶文化发展得到支援。包括 1979 年 1 月成立的韩国茶人联合会在内，各种茶人团体形成，学界的研究也逐渐增多。当然，政府仍然持续支持绿茶栽培。

新的开始

至少在韩国，红茶和绿茶虽同为茶树叶子制成，产品相似，却因为不同的名字和政府支援等人为力量的差异而走上了两条完全不同的道路。

从传统上来看，红茶本身就带有着很强的西方形象，再加上如前所述，随着 20 世纪 70 年代过去，红茶失去了消费者的信赖。另外，原为红茶生产地的茶园由于政府的支持，转而生产绿茶，红茶完全被市场遗忘了。

20 世纪 60、70 年代后过了很长时间，进入 21 世纪前 5 年，随着急剧增加的海外旅行、通过网络获得信息、对待多种事物的好奇心、有个性的年青一代成长等多种原因，人们再次开始关注红茶，逐渐开始饮用红茶。虽说具体过程不同，但是在人们重新关注红茶这一点上，不只是在韩国，在悠久历史的欧洲也出现了类似的情况。

下面，我们来看看英国、法国、日本等国家的情况，来研究红茶流行的原因并对未来进行展望。

英国

饮用红茶是欧洲的文化，尤其是英国的象征之一。然而，即便在英国，红茶也有过一段低潮期，并不是我们所想的一直处于辉煌时期。

英国也有过红茶消费衰退时期，恢复到今天的程度并没有时隔太久。过去的 30 多年，特别是 2000 年以后，英国红茶产业不断发展。从 1959 年开始，英国红茶消费量一直呈上涨趋势。这也受到了二战及战后红茶配给制度的很大影响。当时，因为处于和德国的战争时期，红茶供给并不顺畅。但当时红茶已经是英国人生活必需品，为了更好地管理红茶，英国政府从 1940 年 7 月到 1952 年 10 月的 13 年期间，实行了红茶配给制。战争结束后，为了恢复破败的经济，更好地管理外汇、及时偿还战争负债，继续实行了红茶配给制。

长期的供给制导致英国人对红茶的热情有所下降，再加上战后的 20 世纪 60 至 70 年代，流行的美国快餐和咖啡使茶室在英国消费市场消失，美式快餐和咖啡取而代之。虽然英国人在家里还是喝茶，但是去茶室喝茶，以茶为中心的茶派对等聚会逐渐减少。不论是对个人还是对社会，红茶都丧失了以前时代所具有的意义。

咖啡和可乐的时代

这一变化的产生可能是因为对于很多人来说，茶太过于注重形式了，不符合英国人如今快节奏、简单的生活方式，有碍和谐。因为茶是一种"慢饮料"（slow beverage）。

你们可能会对此有异议，但是一般来看，红茶确实可以被称作慢饮料。第二次世界大战后，世界各地经济、社会都有了快速的发展。由于科学取得了卓越的发展，生产效率和效益都呈压倒性上升趋势。欧洲和日本必须从废墟上重建自己的国家，美国成为独一无二的世界大国，美国作风在全世界流行。这个时代，人们借发展之名，喜欢各种"快的东西"。

食品和饮料喜欢快的。相比于质量，方便快速更受人重视。咖啡和可口可乐不仅方便，还能快速产生刺激效果，毫无疑问，红茶必然被咖啡和可乐代替。这样过了 30 年，进入了 20 世纪 80 年代。

再次关注红茶

从 20 世纪 80 年代开始，世界上部分国家开始享受持续的经济发展带来的好处。20 世纪 80 年代初期，英国再次掀起对于红茶的关注，人们开起了新的茶叶店，发行红茶相关书籍，英国酒店又重新出现了茶舞会。当时，英国人虽然一天平均也喝 5 至 6 杯红茶，但是这些红茶大部分是超市里销售的茶包，品质低下。甚至曾经以传统下午茶闻名的伦敦著名酒店也只销售 5 至 6 种茶。然而在这种情况下，人们开始慢慢感受到了变化。[①]

不仅是英国，法国和日本也发生同样的变化。当时在巴黎，人们也逐渐关心起红茶来。玛利阿奇兄弟 1984 年推出的首部零售用茶书，竟惊人地记载了 250 多种茶。1985 至 1986 年间玛利阿奇兄弟在 Bourg tibourg 街上开设的第一家茶室和茶沙龙

---

① 虽然相关部分在前面《玛利阿奇兄弟》一章中已有说明，但是考虑到文章的连贯性，笔者在此再赘述部分内容。

至今仍声名远播，成为了红茶爱好者必去的场所。法国现在的茶室和茶沙龙比任何地方都多。

另一边，具有悠久绿茶历史的日本此时也开始关注起红茶来。玛利阿奇兄弟 1990 年在日本东京开了第一家亚洲分店，1997 年搬迁到了现在所处的银座。作为咖啡的国度名声在外的美国也绝对比我们想象的喝更多的茶。美国作为 20 世纪初使冰红茶流行起来的国家，现在也在大量饮用冰红茶。[①] 虽然和以前相比，饮用热茶的人的比重大幅上升，但茶叶 85% 还是被制成冰茶饮用的。

第二次世界大战前，美国人所喝的茶的 40% 都是绿茶，日本和中国是其主要进口国，这一历史并不太为人知晓。由于太平洋战争，美国从日本和中国进口茶叶变得困难，便从印度和斯里兰卡进口红茶。从那时起，美国人喝红茶的人数开始增加。最近，饮用绿茶的人在大幅增加，据说是因为绿茶对健康的好处被广泛宣传。

20 世纪 80 年代初期，美国的情况也和英国、法国类似，人们主要饮用立顿、狄得利茶包。甚至酒店和食品店也泡劣质的茶包。这种情况在 20 世纪 80 年代中后期稍微有了些变化。1983 年，一家名为哈尼桑尔丝的美国小茶叶公司开业了，现在哈尼桑尔丝在韩国也相当有名。

如上一章所述，韩国从 20 世纪 80 年代前期开始，由于人们对传统文化的关注、政府对于绿茶的支援，国民对于绿茶的关心开始逐渐增加。

---

① 冰红茶虽据说是一位茶商在 1940 年圣路易斯世界博览会上发明的，但是实际人们从很早之前就开始饮用了。当然，通过世界博览会使冰红茶流行起来确实是这位茶商的功劳。

TWG 位于新加坡海湾金沙商场内的茶室

斯里兰卡努瓦拉埃利亚地区佩德罗工厂茶叶中心的展示牌将自己公司销售的红茶中加牛奶更美味的茶和什么都不加更美味的茶区别开来。

伦敦茶叶专卖店的内部照片，茶叶的摆放令人印象深刻

Covent Garden 里的茶叶店的入口陈设令人印象深刻。1982 年，该店作为茶叶零售店开张。笔者觉得相比于茶，有关茶的各种物品更引人注目。笔者在这里购买了摩洛哥人喜欢用的色彩华丽的玻璃杯。

2005 年开设的宫殿红茶门店。一开始是作为一家茶室开在诺丁山，后来搬到 Covent Garden 开始贩卖优质红茶。

开在伦敦上流住宅区的 Postcard Teas，是一家高级茶叶专卖店。2005 年开张，销售全世界范围内的好茶，也销售产自韩国的红茶。将包装好的茶叶写好地址放入店内的红色邮筒，店员便会帮顾客邮寄过去。

Whittard of Chelsea 茶叶店。现在不仅销售茶，还销售咖啡、巧克力。Whittard1886 年刚开始经营的时候是一家茶叶专卖店。

再一次　红茶

　　20 世纪 80 年代出现的这一系列现象与其说是巧合，不如说是各个国家通过调整达到了某种程度上的稳定发展，也有可能是过去 30 年间高生产率带来的疲劳感令人厌倦。人们偶尔也会有想回顾过去、抵抗未来的时候。

　　另一个影响因素是 20 世纪 80 年代后期到 20 世纪 90 年代，随着发达国家逐渐富有起来的人们海外旅行次数的增加，接触陌生的新世界的机会也逐渐增多，这让人们有时间回想自己生活的世界。在茶这方面也是一样的。在这段时间内，韩国、日本等东方国家开始接触欧洲的红茶文化，英国等欧洲国家也有机会开始了解东方的绿茶、茉莉花茶和乌龙茶等。这种环境的变化对茶的复兴也起到了一定的帮助。

　　英国的红茶专家简·佩蒂格鲁曾说过，越来越多日本人开始海外旅行，很多人都是为了体验红茶之国英国的下午茶文化来此。

　　在这种情况下，英国的舆论家们提出向外国人展示自己的传统。因此许多与茶叶有关的团体开始在英国较为高级的茶店摆放茶叶观光手册。

　　很多手册现在都已经出版，甚至在韩国也会有介绍英国茶店的书籍。这证明了红茶复兴并不只是一时之间的流行。自 20 世纪 90 年代后期起，像星巴克之类的咖啡店在全世界范围内流行起来，红茶和"历史悠久的新饮料"[①]——咖啡也开始在其他各个领域发挥作用。

---

① 这是笔者自己创造的词，灵感来自"历史悠久的未来"。

2002 年 3 月，英国茶业协会请当时世界级模特和时尚偶像凯特·莫斯拍摄红茶广告，开始进行积极宣传和销售。这也打破了许多年轻女性认为的茶只是老年人的饮品的固定观念。在凯特·莫斯作为茶业代言人的两年间，她还参加了各种各样的活动。年轻人常看的杂志上也经常有凯特·莫斯和她的同龄朋友们一起喝茶的照片等，让更多人看到像她这么有名的人也常喝红茶，渐渐地喝红茶成为了一种流行。

笔者想，如果韩国也可以请像秀智和全智贤这样的人气演员来为红茶代言，是不是也会得到不错的反响呢？

复兴的原因

红茶的复兴一直持续到了现在，原因主要有以下几个方面。

第一，红茶种类繁多，可以满足不同人的口味。今天多种多样的红茶饮品是最近才出现的。最近很受欢迎的大吉岭在 20 世纪 90 年代还主要销售味道较为浓烈的夏茶，春茶并不为太多人所知。如今春天一到，茶的人气便会暴增。而这距春茶不太为人所知仅仅还不到 10 年、15 年 [①]。

在开放初期，中国仅出口为数不多的几种红茶，那时台湾的高地乌龙茶还没有现在这么受欢迎。法国基本上不会从日本进口绿茶，斯里兰卡的红茶也还没有根据产地的海拔高度分类。

20 世纪 80 年代后期，一些茶叶爱好者开始厌烦种类固定

---

① 各个红茶公司的春茶价格比其他红茶的价格要高很多。春茶的推出给消费者又增加了一个选择。站在红茶公司的立场上，这是一次非常成功的营销。

的红茶，新的市场需求逐渐出现，人们需要多种多样的红茶。这些茶叶爱好者逐渐对更为优质的红茶感兴趣。

像这样需求刺激供给、供给创造需求的良性循环开始在红茶界运行，多种多样的红茶饮品也随即出现。如今，人们已经不仅仅可以区分大吉岭的夏茶和春茶，还可以区分不同茶园的茶。不仅可以品尝到阿萨姆不同茶园的红茶和斯里兰卡产地海拔高度不同的红茶，还可以品尝到除红茶外的乌龙茶、白茶、加味茶等多种多样的茶。真可谓是茶叶的鼎盛期。

第二，人们逐渐认识到茶叶对身体健康的益处。茶中含有像茶多酚一样的抗氧化成分，可以预防癌症。此外，茶被越来越多的年轻人看作是减肥良饮。对于茶叶复兴来说，得到年轻人的响应极为重要。

第三，茶叶具有差别并因此带来了精神上的满足感。相比喝咖啡的人，喝茶更能体现一种文化的传统，因此人们获得了某种优越感。

第四，在以智能手机为代表的数字时代，茶更能带给人一种安慰。

对于韩国来说，茶并不是一种"历史悠久的新饮料"，而只能算是"新饮料"。虽然现在韩国人还将红茶看作是一种陌生的饮料，但这种情况也在逐渐改变。因为上述红茶复兴的原因也同样适用于韩国。

笔者希望人们可以像喜欢拿铁和美式咖啡一样喜欢大吉岭茶、阿萨姆茶和乌瓦茶等，期待在未来可以在韩国的街头看到越来越多的红茶店、喝到越来越多的优质红茶。

在每年举办的各种各样的与茶有关的活动中，越来越多的红茶公司开始参与进来。
本图是 2013 年 11 月在韩国会展中心举办的"首尔咖啡秀"。

🫖 Tea Time: 茶叶飞剪船——横穿印度洋

东印度人

　　英国东印度公司在垄断茶叶贸易期间，从中国到伦敦，茶叶的运输速度并不是什么问题。因为东印度公司在伦敦有充足的库存，同时还有定期的茶叶供给。再加上东印度公司在垄断与中国的茶叶贸易期间，茶只能通过东印度公司的船或是东印度公司雇用的船进行运送，任何其他运输茶叶的船都无法进入伦敦港。

　　当时被称作"Eastindiamen"的东印度公司的帆船载货量极其庞大，运输速度慢，货物从中国运到英国大约需要 10 至

15 个月的时间。

1833 年英国东印度公司结束了在中国的茶叶贸易垄断。1849 年废除了著名的航海条例。此后无论是哪个国家，都可以向英国运送茶叶。在这种大环境的变化下，美国海运公司开始进军英国市场。

当时美国已经开始进口茶叶，供国内市场消费，1845 年起美国开始使用新型船——飞剪船，这种船不仅载货量大、行驶速度也很快。飞剪船是 1812 年英国和美国发生战争时，美国研发的一种体型小、速度快的船。由于飞剪船具有高度机动性，常被用于走私，以便通过狭窄的沿岸航路和快速运输。用于远途运输的大型船就是所谓的帆船型飞剪船。

飞剪船

飞剪船（Clipper）一词来源于 clip，clip 意为剪、剪掉，突出了该船速度较一般船要快很多的特点，也说明了当时市场更需要运输速度快、运输时间短的船。也有一些研究者认为飞剪船一词出自马术用语 "to go at a good clip"（飞快地走）。

刚开始，飞剪船几乎代指所有在水上行驶速度很快的船，后来逐渐划分为咖啡飞剪船、加州飞剪船、茶飞剪船和瓷器飞剪船。

流线型轻快的飞剪船相比过去的货船，运输速度大大增加。受美国飞剪船的影响，英国也开始建造类似的飞剪船。尤其是 1850 年美国第一艘东方号飞剪船将茶叶从中国运往英国伦敦只花费了 97 天的例子大大刺激了英国。

在航海条例废除后，欧洲各国及美国都开始进行茶叶贸易，这时运输速度就成为了一个重要的竞争因素。最先到达英国的船不仅可以以较高的价格将茶叶卖出，船上的船员还可以获得丰厚的奖金，自此，各国的飞剪船之间展开了激烈的竞争。

　　船快到达英国的时候中介商们就会在港口边睡觉边等待。船到达后，他们便会选择品质较好的茶叶进行购买。同时，能最先喝到新茶也是社会地位的一种象征。

　　飞剪船的全盛时期在 19 世纪 60 年代。这段期间由于激烈的竞争，各国都对船进行了改良，对包括铁、木材、帆等制船材料进行优化，还会锻炼船员的熟练度。而最初引起竞争的美国却因为南北战争（1861 至 1865）无暇顾及对船进行改良。

1883 年安东尼奥·杰克布森所绘的航海中的大英帝国飞剪船

到现在有一个故事还被人们津津乐道。1866年，40多艘船举行了一场比赛。当时有三艘船于5月28日从中国福建出发，跨越印度洋、绕过好望角，经过99天的航行，于9月7日到达了英国伦敦，它们分别是太平号、Ariel号和Serica号。而且第一名太平号和第二名Ariel号到达时间相差不过20分钟。Serica号于几个小时后到达。在如此遥远的海域上航行近百天，最后到达时间差异竟如此之小，现在想来也着实很伟大。为了这样的比赛，除了要考虑船的性能，还要考虑一些附带条件。

第一，中国的出发地。从1757年起大概一百年间，中国都只有唯一一个港口——广州。鸦片战争后，相继开放了上海、福州、厦门、宁波港口。当时运往英国的红茶主要是从福州港口运出，因为福州港口靠近武夷山，便于运输茶叶。希望船早一天到达英国的进口商和海运公司自然会选择福州作为出发地。

第二，造船技术对船的运行速度和运行安全有重要影响。19世纪初，英国东印度公司的帆船中间宽鼓、两边窄短。而飞剪船则较为细长，运送的货物量也大大增多。因此，装船技术不仅对经济方面有影响，对船的均衡和速度、船的安全性也有重要的影响。优秀的装船技术也是非常必要的。

在福建港口每到春天都会有大量的飞剪船在港口等候第一批茶，他们依靠中国劳动者优秀的装船技术将尽量多的茶叶以最快的速度运输出去。当时茶飞剪船的运输竞赛和今天的世界一级方程式锦标赛类似。成功取决于车船的性能、选手的技术、装备的水准等各方面因素。

专家们一般认为茶飞剪船时代大约是1850年至1869年的20年间。直到1869年苏伊士运河开通后，茶飞剪船的速

　　　　　　　　　　第四部　如何品味红茶

度竞争也就没什么意义了。

当时运行的蒸汽船虽然可以依靠自身动力行驶，但蒸汽船需要大量的煤，在长途航行中，煤的味道会严重影响茶叶的味道，因此并不是很受欢迎。

但逐渐改良的蒸汽船通过苏伊士运河运输茶叶，运输时间由原来的 100 天缩减到了 50 天。于是茶飞剪船的竞争力越来越小，最终退出了历史舞台。

卡蒂萨克

茶飞剪船时代的最终终结于著名的卡蒂萨克帆船。1869年苏伊士运河开通，同月，卡蒂萨克号帆船正式下水航行。

卡蒂萨克（Cutty Sark）的名字来源于英国诗人罗伯特·彭斯诗句，指女巫穿的衣服，意思是让它快点跑。虽然卡蒂萨克的造船费用很高，也是当时最顶尖的茶飞剪船，但随着时代的进步，已经不需要可以快速绕过好望角的帆船了。

1870 年 2 月，卡蒂萨克开始了它的处女航，虽然之后也运输过几次货物，但最终还是风光不再。后来用于运送澳大利亚的羊毛，并在 1895 年卖给了葡萄牙的一家海运公司。放置很久之后，1922 年重新回到了英国。1954 年卡蒂萨克保存协会将船停靠在格林尼治天文台附近的泰晤士河边，供游人游览。2007 年卡蒂萨克被某个醉酒者放火烧毁。后来人们将卡蒂萨克重建并于 2012 年起停靠在了相同的地方。当时伊丽莎白女王夫妇参加了新的停靠仪式，吸引了众多英国国民的关注。

外观上看，卡蒂萨克非常雄伟壮观。还可以看到船内部的构造和形状，还附有详细的说明。船下方还有咖啡馆，可供人们就餐。

卡蒂萨克的外观和船内部模样，里面还有咖啡厅

卡蒂萨克出名的另外一个原因是这个名字还被用于 1923
年 5 月制造的威士忌，不知道是不是名字的原因，卡蒂萨克
威士忌成为了世界热门商品。虽然卡蒂萨克帆船已经伤痕累
累，但它却是唯一遗留下来的 19 世纪的帆船。卡蒂萨克也为
怀念过去历史和喜欢红茶的人带来了一丝安慰。

　　在茶叶运输的 350 年历史当中，茶飞剪船仅仅只有 20 年
的历史，影响也并不是很大，但这期间对红茶起到了一定的
宣传作用。也许茶飞剪船是预告没过多久英国开始在印度和
斯里兰卡生产红茶的标志。

　　人们在想到茶竞赛、茶飞剪船和卡蒂萨克这些词的时候，
脑中还会觉得一艘艘船还在扬帆行驶在印度洋上，还会想象
那些船上载着香气宜人的红茶。每个人心中都有一个属于自
己的传说。

图为停在泰晤士河边的卡蒂萨克号的船头。与它的名字相关，卡蒂萨克
号是根据罗伯特·彭斯诗中女巫抓着马尾的样子制成。

图书在版编目（CIP）数据

红茶帝国 /（韩）文基营著；殷潇云，曹慧译.—武汉：华中科技大学出版社，2016.4
ISBN 978-7-5680-0925-6

Ⅰ.①红… Ⅱ.①文… ②殷… ③曹… Ⅲ.红茶－文化 Ⅳ.① TS971

中国版本图书馆 CIP 数据核字 (2015) 第 120236 号

湖北省版权局著作权合同登记 图字：17-2015-166 号

Lessons of Black Tea © 2014 Moon Ki Young
All rights reserved.
Original Korean edition published by Geulhangari Publishing
Simplified Chinese translation rights arranged with Geulhangari Publishing
through CREEK & RIVER KOREA Co., Ltd. and CREEK & RIVER SHANGHAI Co., Ltd.

红茶帝国　　　　　　　　　　　　　　　　　　　　　　　　［韩］　文基营　著
Hongcha Diguo　　　　　　　　　　　　　　　　　　　殷潇云　曹慧　译

策划编辑：罗雅琴
责任编辑：董　晗
封面设计：傅瑞学
责任校对：九万里文字工作室
责任监印：徐　露
出版发行：华中科技大学出版社（中国·武汉）　电话：（027）81321913
　　　　　　武汉市东湖新技术开发区华工科技园　邮编：430223
录　排：北京嘉泰利德科技发展有限公司
印　刷：北京富泰印刷有限责任公司
开　本：880mm×1230mm　1/32
印　张：12.375
字　数：268 千字
版　次：2016年4月第1版 2019年4月第2次印刷
定　价：68.00 元